7·9급 **환경직** 시험대비

박문각 공무원

기출문제

이찬범 화학

이찬범 편저

환경직 만점 기출문제!

단원별 주요 기출 및 예상문제 완벽 총정리

명쾌한 해설과 깔끔한 오답 분석

단원별 기출문제집

동영상 강의 www.pmg.co.kr

이 책의 머리말

PREFACE

먼저 이렇게 책으로 인연을 맺게 되어 감사합니다.

화학이란 학문은 우리나라의 초 · 중 · 고등학교 과정을 마쳤다면 많은 부분을 이미 학습하였을 것입니다. 처음 화학을 접했을 때 공부하기 편했다면 이 책을 학습하는 데 어려움이 없을 것입니다. 하지만 이전 기억 속에 어려움이 있었다면 이젠 그 기억을 지우고 새로운 마음으로 하나씩 시작해 보는 것도 좋겠습니다. 우리가 다루는 일반화학은 결코 어렵지 않으며 차근차근 보다 보면 어느새 마지막 페이지를 넘기고 있을 겁니다.

이 책은 이론을 학습한 후에 문제를 풀면서 답을 찾아가는 연습을 하는 것을 목표로 만들어졌습니다. 출제가 되었던 과년도 문제와 이와 유사한 형태의 문제들로 구성이 되어 있습니다. 이해하기 쉽고 간결한 해설이 특징이며 내용을 이해하는 데 꼭 필요한 핵심문제들로 가득 차 있습니다.

단순히 문제의 유형별 답을 찾는 방법에서 벗어나 문제에서 요구하는 답을 찾아가는 방법을 깨달았으면 합니다. 문제의 유형은 언제나 새롭게 출제될 수 있습니다. 그에 대비하기 위해서는 다양한 문제를 스스로 해결하면서 익히고 틀린 부분이 있다면 수정해가는 작업을 반복해야만 합니다.

무엇보다 이 책을 통해 많은 분들이 원하시는 일들이 이루어졌으면 합니다. 수험생분들의 바람이 결실을 맺을 수 있도록 저도 계속 노력하고 응원하며 힘을 드릴 수 있는 방법을 계속 찾도록 하겠습니다.

감사합니다.

이찬범 드림

이 책의 차례
CONTENTS

이찬범 화학

단원별 기출문제집

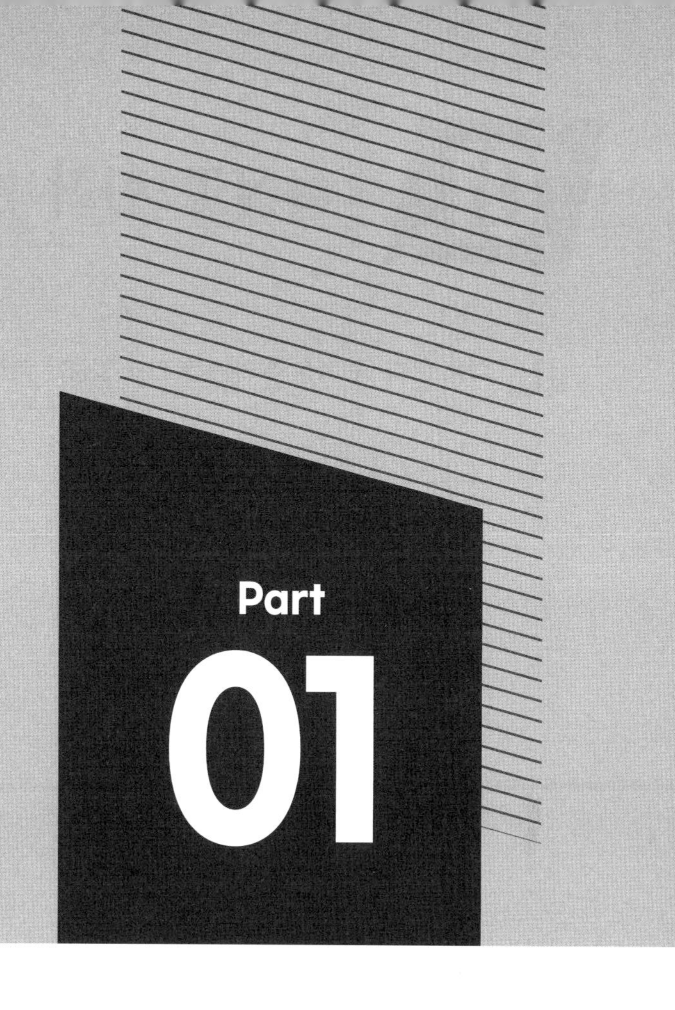

물질과
화학 반응식

물질과 화학 반응식

01 다음 분자 중 가장 무거운 분자의 질량은 가장 가벼운 분자의 몇 배인가?

H_2, Cl_2, CH_4, CO_2

① 4배
② 22배
③ 30.5배
④ 35.5배

풀이

$H_2 = 2$
$Cl_2 = 71$
$CH_4 = 16$
$CO_2 = 44$
가장 무거운 분자/가장 가벼운 분자 = 71/2 = 35.5

02 CH_4 16g 중에는 C가 몇 mol 포함되었는가?

① 1
② 4
③ 16
④ 22.4

풀이

CH_4의 분자량 : 16g/mol
1몰의 CH_4에는 1몰의 C(탄소원자)와 4몰의 H(수소원자)가 들어있다.

03 어떤 금속 1.0g을 묽은 황산에 넣었더니 표준상태에서 560mL의 수소가 발생하였다. 이 금속의 원자가는 얼마인가? (단, 금속의 원자량은 40으로 가정한다.)

① 1가
② 2가
③ 3가
④ 4가

풀이

M의 몰수 = 1/40 = 0.025몰
발생하는 수소기체의 몰수 = 0.56L/22.4L = 0.025몰
반응하는 금속과 발생하는 수소기체의 몰수가 1 : 1이므로
$M^{a+} + H_2SO_4 \rightarrow MSO_4 + H_2$
SO_4^{2-} 이므로 a = 2이다.

04 어떤 기체가 탄소원자 1개당 2개의 수소원자를 함유하고 0°C, 1기압에서 밀도가 1.25g/L일 때 이 기체에 해당하는 것은?

① CH_2
② C_2H_4
③ C_3H_6
④ C_4H_8

풀 이

밀도 = 질량/부피

1mol을 기준으로 표준상태에서 부피는 22.4L이므로

$1.25g/L = \frac{\square g}{22.4L}$

□ = 28g이므로 분자량이 28인 C_2H_4이다.

05 탄소와 수소로 되어 있는 유기화합물을 연소시켜 CO_2 44g, H_2O 27g을 얻었다. 이 유기화합물의 탄소와 수소의 몰비율(C : H)은 얼마인가?

① 1 : 3
② 1 : 4
③ 3 : 1
④ 4 : 1

풀 이

CO_2 중 C의 몰 : $44g \times \frac{12g_{-C}}{44g_{-CO_2}} \times \frac{mol}{12g_{-C}} = 1mol$

H_2O 중 H의 몰 : $27g \times \frac{2g_{-H}}{18g_{-H_2O}} \times \frac{mol}{1g_{-H}} = 3mol$

06 물 450g에 NaOH 80g이 녹아 있는 용액에서 NaOH의 몰분율은? (단, Na의 원자량은 23이다.)

① 0.074
② 0.178
③ 0.200
④ 0.450

풀 이

H_2O mol : $450g \times \frac{mol}{18g} = 25mol$

NaOH mol : $80g \times \frac{mol}{40g} = 2mol$

∴ 몰분율 : $\frac{2}{25+2} = 0.074$

정답 01 ④ 02 ① 03 ② 04 ② 05 ① 06 ①

07 pH = 9인 수산화나트륨 용액 100mL 속에는 나트륨 이온이 몇 개 들어 있는가? (단, 아보가드로 수는 6.02×10^{23}이다.)

① 6.02×10^{9}개
② 6.02×10^{17}개
③ 6.02×10^{18}개
④ 6.02×10^{21}개

풀이

$NaOH \rightleftarrows Na^{+} + OH^{-}$
pH 9인 용액의 pOH는 5이므로 $[OH^{-}] = 10^{-pOH} = 10^{-5}$M이다.
Na^{+}의 농도와 OH^{-}의 농도는 같으므로 Na^{+}의 몰농도는 10^{-5}M이다.
$\therefore \frac{10^{-5}mol}{L}\times0.1L\times\frac{6.02\times10^{23}개}{mol}=6.02\times10^{17}개$

08 다음 중 불균일 혼합물은 어느 것인가?

① 공기
② 소금물
③ 화강암
④ 사이다

풀이

① 공기 : 균일 혼합물
② 소금물 : 균일 혼합물
③ 화강암 : 불균일 혼합물
④ 사이다 : 균일 혼합물

09 프로판 1kg을 완전 연소시키기 위해 표준상태의 산소가 약 몇 m^3 필요한가?

① 2.55
② 5
③ 7.55
④ 10

풀이

$C_3H_8 + 5O_2 \rightarrow 3CO_2 + 4H_2O$
44kg : 5 × 22.4m^3 = 1kg : □m^3
∴ □ = 2.55m^3

10

n그램(g)의 금속 M을 묽은 염산에 완전히 녹였더니 m몰의 수소가 발생하였다. 이 금속의 원자가를 2가로 하면 이 금속의 원자량은?

① n/m ② 2n/m
③ n/2m ④ 2m/n

풀 이

$M + 2HCl \rightarrow MCl_2 + H_2$

$M : H_2 = 1 : 1$이므로

$\frac{n}{\square} : m = 1 : 1$

$\therefore \square = \frac{n}{m}$

11

98% H_2SO_4 50g에서 H_2SO_4에 포함된 산소 원자수는?

① 3×10^{23}개
② 6×10^{23}개
③ 9×10^{23}개
④ 1.2×10^{24}개

풀 이

1몰의 황산에는 산소원자 4몰이 포함되어 있다.

$\therefore 50g \times \frac{98}{100} \times \frac{1mol}{98g} \times \frac{4mol_{-O}}{1mol_{-H_2SO_4}} \times \frac{6.02 \times 10^{23}\text{개}}{1mol} = 1.2 \times 10^{24}\text{개}$

12

다음 각 화합물 1mol이 완전연소할 때 3mol의 산소를 필요로 하는 것은?

① $CH_3 - CH_3$ ② $CH_2 = CH_2$
③ C_6H_6 ④ $CH \equiv CH$

풀 이

① $C_2H_6 + 3.5O_2 \rightarrow 2CO_2 + 3H_2O$
② $C_2H_4 + 3O_2 \rightarrow 2CO_2 + 2H_2O$
③ $C_6H_6 + 7.5O_2 \rightarrow 6CO_2 + 3H_2O$
④ $C_2H_2 + 2.5O_2 \rightarrow 2CO_2 + H_2O$

정 답 07 ② 08 ③ 09 ① 10 ① 11 ④ 12 ②

13 표준상태를 기준으로 수소 1.2몰, 염소 2몰이 완전히 반응했을 때 염화수소는 몇 몰이 생성되는가?

① 0.6몰 ② 1.2몰
③ 2.4몰 ④ 3.6몰

풀이

	H_2	+	Cl_2	→	2HCl
반응비	1		1		2
반응전	1.2		2		0
반응	−1.2		−1.2		+2.4
반응후	0		0.8		2.4

14 에탄(C_2H_6)을 연소시키면 이산화탄소(CO_2)와 수증기(H_2O)가 생성된다. 표준상태에서 에탄 30g을 반응시킬 때 발생하는 이산화탄소와 수증기의 분자수는 모두 몇 개인가?

① 6×10^{23}개
② 12×10^{23}개
③ 18×10^{23}개
④ 30×10^{23}개

풀이

$C_2H_6 + 3.5O_2 \rightarrow 2CO_2 + 3H_2O$

1몰의 에탄은 2몰의 CO_2와 3몰의 H_2O를 생성하므로 생성물의 몰수는 5몰이다.

$5 \times 6.02 \times 10^{23}$개 $= 30.1 \times 10^{23}$개

15 25g의 암모니아가 과잉의 황산과 반응하여 황산암모늄이 생성될 때 생성된 황산암모늄의 양은 약 얼마인가? (단, 황산암모늄의 몰질량은 132g/mol이다.)

① 82g ② 86g
③ 92g ④ 97g

풀이

$2NH_3 + H_2SO_4 \rightarrow (NH_4)_2SO_4$

$2 \times 17g : 132g = 25g : \square g$

$\therefore \square = 97g$

16 표준상태에서 11.2L의 암모니아에 들어있는 질소는 몇 g인가?

① 7 ② 8.5

③ 22.4 ④ 14

풀이

$$11.2L \times \frac{1mol}{22.4L} \times \frac{1mol_{-N}}{1mol_{-NH_3}} \times \frac{14g}{1mol_{-N}} = 7g$$

17 어떤 기체가 표준상태에서 2.8L일 때 3.5g이다. 이 물질의 분자량과 같은 것은?

① He ② N_2

③ H_2O ④ N_2H_4

풀이

$$2.8L \times \frac{1mol}{22.4L} \times \frac{\text{분자량}}{mol} = 3.5g$$

∴ 분자량 = 28

N_2의 분자량이 28이다.

18 어떤 기체 2g이 100℃에서 압력이 730mmHg, 부피가 600mL일 때 이 기체의 분자량은 얼마인가?

① 78 ② 80

③ 92 ④ 106

풀이

PV = nRT

$$730mmHg \times \frac{1atm}{760mmHg} \times 0.6L = \frac{2g}{\text{분자량}} \times 0.082 \times (273+100)K$$

∴ 분자량 = 106.15

정답 13 ③ 14 ④ 15 ④ 16 ① 17 ② 18 ④

19

8g의 메탄을 완전연소시키는 데 필요한 산소 분자의 수는?

① 6.02×10^{23} ② 1.204×10^{23}
③ 6.02×10^{24} ④ 1.204×10^{24}

풀 이

$CH_4 + 2O_2 \rightarrow CO_2 + 2H_2O$

$CH_4 : O_2 = 1 : 2$

$\therefore 8g \times \frac{mol}{16g} \times \frac{6.02 \times 10^{23}개}{mol} \times \frac{2}{1} = 6.02 \times 10^{23}개$

20

공기 중에 포함되어 있는 질소와 산소의 부피비는 0.79 : 0.21이므로 질소와 산소의 분자수의 비도 0.79 : 0.21이다. 이와 관계있는 법칙은?

① 아보가드로의 법칙
② 일정성분비의 법칙
③ 배수비례의 법칙
④ 질량보존의 법칙

풀 이

② 일정성분비의 법칙: 화합물을 구성하는 각 성분 원소들의 질량비가 일정하다는 법칙이다.
 예 물(H_2O)에서 수소(H)와 산소(O)의 질량비는 항상 1 : 8이다.
③ 배수비례의 법칙: 2종류 이상의 원소가 화합하여 2종 이상의 화합물을 만들 때, 한 원소의 일정량과 결합하는 다른 원소의 질량비는 항상 간단한 정수비를 나타낸다는 법칙이다.
 예 CO_2와 CO
④ 질량보존의 법칙: 닫힌계에서 화학반응이 일어날 때 질량이 변하지 않는다는 법칙이다.

21

다음 중 배수비례의 법칙이 성립하는 화합물을 나열한 것은?

① CH_4, CCl_4 ② SO_2, SO_3
③ H_2O, H_2S ④ NH_3, BH_3

풀 이

✓ 배수비례의 법칙

2종류 이상의 원소가 화합하여 2종 이상의 화합물을 만들 때, 한 원소의 일정량과 결합하는 다른 원소의 질량비는 항상 간단한 정수비를 나타낸다는 법칙이다.

예 CO_2와 CO

22 배수비례의 법칙이 적용 가능한 화합물을 옳게 나열한 것은?

① CO, CO_2
② HNO_3, HNO_2
③ H_2SO_4, H_2SO_3
④ O_2, O_3

23 다음 중 배수비례의 법칙이 성립되지 않는 것은?

① H_2O와 H_2O_2
② SO_2와 SO_3
③ N_2O와 NO
④ O_2와 O_3

풀이

✓ 배수비례의 법칙
2종류 이상의 원소가 화합하여 2종 이상의 화합물을 만들 때, 한 원소의 일정량과 결합하는 다른 원소의 질량비는 항상 간단한 정수비를 나타낸다는 법칙이다.

24 다음 화학 반응으로부터 설명하기 어려운 것은?

$$2H_2(g) + O_2(g) \rightarrow 2H_2O(g)$$

① 반응물질 및 생성물질의 부피비
② 일정 성분비의 법칙
③ 반응물질 및 생성물질의 몰수비
④ 배수비례의 법칙

풀이

✓ 배수비례의 법칙
2종류 이상의 원소가 화합하여 2종 이상의 화합물을 만들 때, 한 원소의 일정량과 결합하는 다른 원소의 질량비는 항상 간단한 정수비를 나타낸다는 법칙이다.

정답 19 ① 20 ① 21 ② 22 ① 23 ④ 24 ④

25 일정한 온도에서 1atm, 7L의 이상기체가 14L로 팽창하였을 때, 기체의 압력[mmHg]은?

2024년 지방직9급

① 380 ② 500 ③ 580 ④ 760

풀 이

일정한 온도에서 압력과 절대온도는 반비례한다.

1atm = 760mmHg

$14L = 7L \times \frac{760mmHg}{\square mmHg}$

∴ □ = 380mmHg

26 0.5M 포도당($C_6H_{12}O_6$) 수용액 100mL에 녹아 있는 포도당의 양[g]은? (단, C, H, O의 원자량은 각각 12, 1, 16이다.)

2023년 지방직9급

① 9 ② 18 ③ 90 ④ 180

풀 이

$C_6H_{12}O_6$: 180g/mol

$\therefore \frac{0.5mol}{L} \times 0.1L \times \frac{180g}{1mol} = 9g$

27 다음은 물질을 2가지 기준에 따라 분류한 그림이다. (가)~(다)에 대한 설명으로 옳은 것은?

2023년 지방직9급

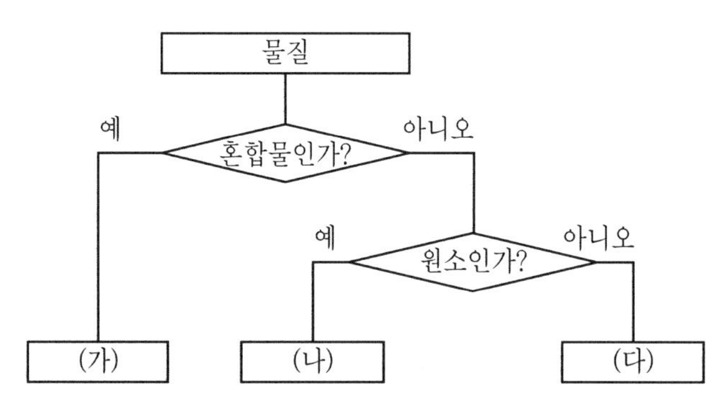

① 철(Fe)은 (가)에 해당한다.

② 산소(O_2)는 (가)에 해당한다.

③ 석유는 (나)에 해당한다.

④ 메테인(CH_4)은 (다)에 해당한다.

풀 이

바르게 고쳐보면
① 철(Fe)은 (나)에 해당한다.
② 산소(O_2)는 (나)에 해당한다.
③ 석유는 (가)에 해당한다.

28 수소(H_2)와 산소(O_2)가 반응하여 물(H_2O)을 만들 때, 1mol의 산소(O_2)와 반응하는 수소의 질량[g]은? (단, H의 원자량은 1이다.)

2022년 지방직9급

① 2 ② 4
③ 8 ④ 16

풀 이

$2H_2 + O_2 \rightarrow 2H_2O$
1mol의 산소(O_2)와 반응하는 수소의 질량은 $2 \times 2g = 4g$이다.

29 다음 물질 변화의 종류가 다른 것은?

2021년 지방직9급

① 물이 끓는다.
② 설탕이 물에 녹는다.
③ 드라이아이스가 승화한다.
④ 머리카락이 과산화수소에 의해 탈색된다.

풀 이

① 물이 끓는다. : 물리적 변화
② 설탕이 물에 녹는다. : 물리적 변화
③ 드라이아이스가 승화한다. : 물리적 변화
④ 머리카락이 과산화수소에 의해 탈색된다. : 화학적 변화

정답 25 ① 26 ① 27 ④ 28 ② 29 ④

30 다음은 일산화탄소(CO)와 수소(H_2)로부터 메탄올(CH_3OH)을 제조하는 반응식이다.

$$CO(g) + 2H_2(g) \rightarrow CH_3OH(l)$$

일산화탄소 280g과 수소 50g을 반응시켜 완결하였을 때, 생성된 메탄올의 질량[g]은? (단, C, H, O의 원자량은 각각 12, 1, 16이다.)

2021년 지방직9급

① 330 ② 320
③ 290 ④ 160

풀이

$CO(g) + 2H_2(g) \rightarrow CH_3OH(l)$
질량비 28g : 4g : 32g
일산화탄소 280g과 반응하는 수소는 40g이고 생성되는 메탄올의 질량은 320g이다.

31 탄소(C), 수소(H), 산소(O)로 이루어진 화합물 X 23g을 완전 연소시켰더니 CO_2 44g과 H_2O 27g이 생성되었다. 화합물 X의 화학식은? (단, C, H, O의 원자량은 각각 12, 1, 16이다.)

2021년 지방직9급

① HCHO ② C_2H_5CHO
③ C_2H_6O ④ CH_3COOH

풀이

반응물의 질량 합 = 생성물의 질량 합
반응물 중 탄소 : 44g × 12g/44g = 12g → 12g / 12[g/mol] = 1mol
반응물 중 수소 : 27g × 2g/18g = 3g → 3g / 1[g/mol] = 3mol
반응물 중 화합물의 산소 : 23g − (12 + 3)g = 8g → 8g / 16[g/mol] = 0.5mol
$CH_3O_{0.5} \rightarrow C_2H_6O$

32 다음 화학 반응식의 균형을 맞추었을 때, 얻어진 계수 a, b, c의 합은? (단, a, b, c는 정수이다.)

2021년 지방직9급

$$aNO_2(g) + bH_2O(l) + O_2(g) \rightarrow cHNO_3(aq)$$

① 9　② 10　③ 11　④ 12

풀 이

반응물의 원자의 수 = 생성물의 원자의 수

N : a = c

H : 2b = c

O : 2a + b + 2 = 3c

위 방정식을 풀어보면

2a + b + 2 = 3c → 2c + 0.5c + 2 = 3c이므로

a = 4, b = 2, c = 4가 된다.

∴ a + b + c = 10

$4NO_2(g) + 2H_2O(l) + O_2(g) \rightarrow 4HNO_3(aq)$

33 약산 HA가 포함된 어떤 시료 0.5g이 녹아 있는 수용액을 완전히 중화하는 데 0.15M의 NaOH(aq) 10mL가 소비되었다. 이 시료에 들어있는 HA의 질량백분율[%]은? (단, HA의 분자량은 120이다.)

2021년 지방직9급

① 72　② 36　③ 18　④ 15

풀 이

산의 mol = 염기의 mol

$$\frac{0.15mol}{L} \times 0.01L \times \frac{120g}{mol} = 0.18g$$

∴ 질량백분율 : $\frac{0.18g}{0.5g} \times 100 = 36\%$

34 32g의 메테인(CH_4)이 연소될 때 생성되는 물(H_2O)의 질량[g]은? (단, H의 원자량은 1, C의 원자량은 12, O의 원자량은 16이며 반응은 완전연소로 100% 진행된다.)

2020년 지방직9급

① 18　② 36　③ 72　④ 144

풀 이

$CH_4 + 2O_2 \rightarrow CO_2 + 2H_2O$

16g : 2 × 18g = 32g : □

∴ □ = 72g

정답　30 ②　31 ③　32 ②　33 ②　34 ③

35 화합물 A_2B의 질량 조성이 원소 A 60%와 원소 B 40%로 구성될 때, AB_3를 구성하는 A와 B의 질량비는? 2020년 지방직9급

① 10%의 A, 90%의 B
② 20%의 A, 80%의 B
③ 30%의 A, 70%의 B
④ 40%의 A, 60%의 B

풀이

A_2의 질량을 60g, B의 질량을 40g으로 가정하면
A : 30g/mol, B : 40g/mol이 된다.
AB_3 : 30 + 3 × 40 = 150g/mol이므로
A : B = 30 : 120 → 20% : 80%

36 프로페인(C_3H_8)이 완전연소할 때, 균형 화학 반응식으로 옳은 것은? 2020년 지방직9급

① $C_3H_8(g) + 3O_2(g) \rightarrow 4CO_2(g) + 2H_2O(g)$
② $C_3H_8(g) + 5O_2(g) \rightarrow 4CO_2(g) + 3H_2O(g)$
③ $C_3H_8(g) + 5O_2(g) \rightarrow 3CO_2(g) + 4H_2O(g)$
④ $C_3H_8(g) + 4O_2(g) \rightarrow 2CO_2(g) + H_2O(g)$

37 유효숫자를 고려한 (13.59 × 6.3) ÷ 12의 값은? 2019년 지방직9급

① 7.1 ② 7.13 ③ 7.14 ④ 7.135

풀이

유효숫자의 개수가 서로 다른 계산의 경우 적은 쪽의 값을 기준으로 선택한다.
(13.59 × 6.3) ÷ 12에서 유효숫자는 2개로 답은 유효숫자가 2개여야 하므로 답은 7.1이다.

유효숫자규칙

① 맨 앞자리에 있는 '0' : 유효숫자가 아니다.
예 0.040에서 앞에 있는 0
② 중간 부분에 있는 '0' : 유효숫자
예 0.040에서 2번째 0
③ 소수점 뒤에 있는 마지막 '0' : 유효숫자
예 0.040에서 마지막 0
④ 유효숫자의 개수가 서로 다른 계산의 경우 적은 쪽의 값을 기준으로 선택한다.
예 44.44(유효숫자 4개) + 22.2(유효숫자 3개)의 경우 적은 쪽인 3개만 표시하므로 66.6이 된다.

38 4몰의 원소 X와 10몰의 원소 Y를 반응시켜 X와 Y가 일정비로 결합된 화합물 4몰을 얻었고 2몰의 원소 Y가 남았다. 이때, 균형 맞춘 화학 반응식은?

2019년 지방직9급

① $4X + 10Y \rightarrow X_4Y_{10}$
② $2X + 8Y \rightarrow X_2Y_8$
③ $X + 2Y \rightarrow XY_2$
④ $4X + 10Y \rightarrow 4XY_2$

풀이

X : 4몰과 Y : 8몰이 반응하여 결합하였기에 X : Y = 1 : 2로 반응한다.
$X + 2Y \rightarrow XY_2$가 된다.

39 0.50M NaOH 수용액 500mL를 만드는 데 필요한 2.0M NaOH 수용액의 부피[mL]는?

2018년 지방직9급

① 125
② 200
③ 250
④ 500

풀이

$$\frac{0.5mol}{L} \times 500mL = \frac{2.0mol}{L} \times \square mL$$

∴ □ = 125mL

40 다음에서 실험식이 같은 쌍만을 모두 고르면?

2018년 지방직9급

ㄱ. 아세틸렌(C_2H_2), 벤젠(C_6H_6)
ㄴ. 에틸렌(C_2H_4), 에테인(C_2H_6)
ㄷ. 아세트산($C_2H_4O_2$), 글루코스($C_6H_{12}O_6$)
ㄹ. 에탄올(C_2H_6O), 아세트알데하이드(C_2H_4O)

① ㄱ, ㄷ
② ㄱ, ㄹ
③ ㄴ, ㄷ
④ ㄷ, ㄹ

풀이

아세틸렌(C_2H_2), 벤젠(C_6H_6) : CH
에틸렌(C_2H_4) : CH_2
에테인(C_2H_6) : CH_3
아세트산($C_2H_4O_2$), 글루코스($C_6H_{12}O_6$) : CH_2O
에탄올(C_2H_6O) : C_2H_6O
아세트알데하이드(C_2H_4O) : C_2H_4O

정답 35 ② 36 ③ 37 ① 38 ③ 39 ① 40 ①

41 **분자 수가 가장 많은 것은? (단, C, H, O의 원자량은 각각 12.0, 1.00, 16.00이다.)** 2018년 지방직9급

① 0.5mol 이산화탄소 분자 수

② 84g 일산화탄소 분자 수

③ 아보가드로수만큼의 일산화탄소 분자 수

④ 산소 1.0mol과 일산화탄소 2.0mol이 정량적으로 반응한 후 생성된 이산화탄소 분자 수

풀 이

① 0.5mol 이산화탄소 분자 수

$$0.5mol \times \frac{6.02 \times 10^{23}\text{개}}{1mol} = 3.01 \times 10^{23}\text{개}$$

② 84g 일산화탄소 분자 수

$$84g \times \frac{1mol}{28g} \times \frac{6.02 \times 10^{23}\text{개}}{1mol} = 1.8 \times 10^{24}\text{개}$$

③ 아보가드로수만큼의 일산화탄소 분자 수

6.02×10^{23}개

④ 산소 1.0mol과 일산화탄소 2.0mol이 정량적으로 반응한 후 생성된 이산화탄소 분자 수

이산화탄소 2mol이 생성

$2CO + O_2 \rightarrow 2CO_2$

$$2mol \times \frac{6.02 \times 10^{23}\text{개}}{1mol} = 1.2 \times 10^{24}\text{개}$$

42 **0.30M Na_3PO_4 10mL와 0.20M $Pb(NO_3)_2$ 20mL를 반응시켜 $Pb_3(PO_4)_2$를 만드는 반응이 종결되었을 때, 한계 시약은?** 2018년 지방직9급

$2Na_3PO_4(aq) + 3Pb(NO_3)_2(aq) \rightarrow 6NaNO_3(aq) + Pb_3(PO_4)_2(s)$

① Na_3PO_4

② $NaNO_3$

③ $Pb(NO_3)_2$

④ $Pb_3(PO_4)_2$

풀 이

$2Na_3PO_4(aq) : 3Pb(NO_3)_2(aq)$

Na_3PO_4 : 0.3mol/L × 0.01L = 0.003mol

$Pb(NO_3)_2$: 0.2mol/L × 0.02L = 0.004mol

2 : 3으로 반응하므로 Na_3PO_4 : 0.0027mol과 $Pb(NO_3)_2$: 0.004mol이 반응하므로 한계반응물은 $Pb(NO_3)_2$이다.

43 온도와 부피가 일정한 상태의 밀폐된 용기에 15.0mol의 O_2와 25.0mol의 He가 들어있다. 이 때, 전체 압력은 8.0atm이었다. O_2 기체의 부분 압력[atm]은? (단, 용기에는 두 기체만 들어 있고, 서로 반응하지 않는 이상 기체라고 가정한다.) 2017년 지방직9급

① 3.0 ② 4.0
③ 5.0 ④ 8.0

풀이

$$8atm \times \frac{15}{15+25} = 3atm$$

44 Al과 Br_2로부터 Al_2Br_6가 생성되는 반응에서, 4mol의 Al과 8mol의 Br_2로부터 얻어지는 Al_2Br_6의 최대 몰수는? (단, Al_2Br_6가 유일한 생성물이다.) 2017년 지방직9급

① 1 ② 2
③ 3 ④ 4

풀이

$2Al + 3Br_2 \rightarrow Al_2Br_6$
2 : 3으로 반응하므로 4mol의 Al과 6mol의 Br_2가 반응하여 2mol의 Al_2Br_6을 생성한다.

45 다음 화학 반응식을 균형 맞춘 화학 반응식으로 만들었을 때, 얻어지는 계수 a, b c, d의 합은? (단, a, b c, d는 최소 정수비를 가진다.) 2017년 지방직9급

$$aC_8H_{18}(l) + bO_2(g) \rightarrow cCO_2(g) + dH_2O(g)$$

① 60 ② 61
③ 62 ④ 63

풀이

$2C_8H_{18}(l) + 25O_2(g) \rightarrow 16CO_2(g) + 18H_2O(g)$

정답 41 ② 42 ③ 43 ① 44 ② 45 ②

46 몰질량이 56g/mol인 금속 M 112g을 산화시켜 실험식이 M_xO_y인 산화물 160g을 얻었을 때, 미지수 x, y를 각각 구하면? (단, O의 몰질량은 16 g/mol이다.) 2017년 지방직9급

① x = 2, y = 3　　② x = 3, y = 2
③ x = 1, y = 5　　④ x = 1, y = 2

풀 이

금속 M 112g이 산화되어 160g의 생성물을 만들었으므로 산소의 양은 48g이다.

$\therefore x: \frac{112g}{56g/mol} = 2,\ y: \frac{48g}{16g/mol} = 3$ → M_2O_3

47 다음 중 개수가 가장 많은 것은? 2016년 지방직9급

① 순수한 다이아몬드 12g 중의 탄소 원자
② 산소 기체 32g 중의 산소 분자
③ 염화암모늄 1몰을 상온에서 물에 완전히 녹였을 때 생성되는 암모늄이온
④ 순수한 물 18g 안에 포함된 모든 원자

풀 이

① $C: 12g \times \frac{6.02\times10^{23}개}{12g} = 6.02\times10^{23}개$

② $O_2: 32g \times \frac{6.02\times10^{23}개}{32g} = 6.02\times10^{23}개$

③ $NH_4Cl \rightleftarrows NH_4^+ + Cl^-$

$NH_4^+: 1mol \times \frac{6.02\times10^{23}개}{1mol} = 6.02\times10^{23}개$

④ $H_2O: 18g \times \frac{3\times6.02\times10^{23}개}{18g} = 3\times6.02\times10^{23}개$

48 90g의 글루코오스($C_6H_{12}O_6$)와 과량의 산소(O_2)를 반응시켜 이산화탄소(CO_2)와 물(H_2O)이 생성되는 반응에 대한 설명으로 옳지 않은 것은? (단, H, C, O의 몰 질량[g/mol]은 각각 1, 12, 16이다.)

2016년 지방직9급

$$C_6H_{12}O_6(s) + 6O_2(g) \rightarrow xCO_2(g) + yH_2O(l)$$

① x와 y에 해당하는 계수는 모두 6이다.
② 90g 글루코오스가 완전히 반응하는데 필요한 O_2의 질량은 96g이다.
③ 90g 글루코오스가 완전히 반응해서 생성되는 CO_2의 질량은 88g이다.
④ 90g 글루코오스가 완전히 반응해서 생성되는 H_2O의 질량은 54g이다.

풀 이

$C_6H_{12}O_6(s) + 6O_2(g) \rightarrow 6CO_2(g) + 6H_2O(l)$

180g : 6 × 44g = 90 : □

∴ □ = 132g

49 다음의 화합물 중에서 원소 X가 산소(O)일 가능성이 가장 낮은 것은? (단, O의 몰 질량[g/mol]은 16이다.)

2016년 지방직9급

화합물	ㄱ	ㄴ	ㄷ	ㄹ
분자량	160	80	70	64
원소 X의 질량 백분율(%)	30	20	30	50

① ㄱ　② ㄴ
③ ㄷ　④ ㄹ

풀 이

화합물	ㄱ	ㄴ	ㄷ	ㄹ
분자량	160	80	70	64
원소 X의 질량 백분율	30	20	30	50
원소 X의 질량	160 × 0.3 = 48	80 × 0.2 = 16	70 × 0.3 = 21	64 × 0.5 = 32

화합물은 성분원소들의 가장 간단한 정수비로 결합되어 있기 때문에 X의 질량이 산소 원자량의 정수배로 나와야 한다. 16의 정수비가 아닌 ㄷ이 산소일 가능성이 가장 낮다.

정답　46 ①　47 ④　48 ③　49 ③

50 질량 백분율이 N 64%, O 36%인 화합물의 실험식은? (단, N, O의 몰 질량[g/mol]은 각각 14, 16이다.)

2016년 지방직9급

① N_2O ② NO

③ NO_2 ④ N_2O_5

풀 이

전체를 100이라 가정하면

N : $100g \times 0.64 \times \frac{1mol}{14g} = 4.57mol$

O : $100g \times 0.36 \times \frac{1mol}{16g} = 2.25mol$

N : O의 비율이 약 2 : 1이므로 실험식은 N_2O이다.

51 다음 2가지 화학반응식에 대한 설명으로 옳은 것만을 〈보기〉에서 있는 대로 고른 것은?

○ $Zn(s) + 2HCl(aq) \rightarrow$ ㉠$(aq) + H_2(g)$	○ $2Al(s) + aHCl(aq) \rightarrow 2AlCl_3(aq) + bH_2(g)$ (a, b는 반응계수)

보기

ㄱ. ㉠은 $ZnCl_2$이다.

ㄴ. $a + b = 9$이다.

ㄷ. 같은 양(mol)의 Zn(s)과 Al(s)을 각각 충분한 양의 HCl(aq)에 넣어 반응을 완결시켰을 때 생성되는 H_2의 몰비는 1 : 2이다.

① ㄱ ② ㄷ ③ ㄱ, ㄴ ④ ㄴ, ㄷ

풀 이

$Zn(s) + 2HCl(aq) \rightarrow ZnCl_2(aq) + H_2(g)$

$2Al(s) + 6HCl(aq) \rightarrow 2AlCl_3(aq) + 3H_2(g)$

$a = 6$, $b = 3$이다.

ㄷ. 같은 양(mol)의 Zn(s)과 Al(s)을 각각 충분한 양의 HCl(aq)에 넣어 반응을 완결시켰을 때 생성되는 H_2의 몰비는 2 : 3이다.

52 그림 (가)는 강철 용기에 메테인[$CH_4(g)$] 14.4g과 에탄올[$C_2H_5OH(g)$] 23g이 들어 있는 것을, (나)는 (가)의 용기에 메탄올[$CH_3OH(g)$] xg이 첨가된 것을 나타낸 것이다. 용기 속 기체의 [산소(O) 원자수]/[전체 원자수]는 (나)가 (가)의 2배이다.

(가)				(나)
$CH_4(g)$ 14.4g $C_2H_5OH(g)$ 23g	+	$CH_3OH(g)$ xg 첨가	→	$CH_4(g)$ 14.4g $C_2H_5OH(g)$ 23g $CH_3OH(g)$ xg

x는 얼마인가?

① 16　② 24　③ 32　④ 48

풀이

(가)의 전체 원자 mol수

$CH_4(g)$ 14.4g → $14.4g \times \frac{mol}{16g} \times 5$

$C_2H_5OH(g)$ 23g → $23g \times \frac{mol}{46g} \times 9$

(가)의 산소 원자 mol수 : $23g \times \frac{mol}{46g}$

$CH_3OH(g)$ xg의 전체 원자 mol수 : $xg \times \frac{mol}{32g} \times 6$

$CH_3OH(g)$ xg의 산소 원자 mol수 : $xg \times \frac{mol}{32g}$

$\frac{\text{산소}(O)\text{ 원자수}}{\text{전체 원자수}}$는 (나)가 (가)의 2배이므로

$$\frac{\frac{23}{46}}{\left(\frac{14.4\times5}{16}+\frac{23\times9}{46}\right)}\times2=\frac{\frac{23}{46}+\frac{x}{32}}{\left(\frac{14.4\times5}{16}+\frac{23\times9}{46}+\frac{x\times6}{32}\right)}$$

$$\frac{1}{9}=\frac{\frac{1}{2}+\frac{x}{32}}{\left(9+\frac{x\times6}{32}\right)}$$

$\therefore x = 48$

정답 50 ①　51 ③　52 ④

53 다음은 아세트알데하이드(C_2H_4O) 연소 반응의 화학 반응식이다.

$$2C_2H_4O + xO_2 \rightarrow 4CO_2 + 4H_2O \ (x\text{는 반응계수})$$

이 반응에서 1mol의 CO_2가 생성되었을 때 반응한 O_2의 양(mol)은?

① 5/4
② 1
③ 4/5
④ 3/4

풀이

$2C_2H_4O + xO_2 \rightarrow 4CO_2 + 4H_2O$
$2 + 2 \times x = 8 + 4$
$x = 5$
1 mol의 CO_2가 생성되었을 때 반응한 O_2의 양(mol)은
5 : 4 = □ : 1
∴ □ = 5/4

54 다음은 이산화질소(NO_2)와 관련된 반응의 화학 반응식이다.

$$aNO_2 + bH_2O \rightarrow cHNO_3 + NO \ (a\sim c: \text{반응 계수})$$

a + b + c 는?

① 7
② 6
③ 5
④ 4

풀이

a = 3, b = 1, c = 2

정답 53 ① 54 ②

원자구조와 특징

원자구조와 특징

01 p 오비탈에 대한 설명 중 옳은 것은?

① 원자핵에서 가장 가까운 오비탈이다.
② s 오비탈보다는 약간 높은 모든 에너지 준위에서 발견된다.
③ x, y의 2방향을 축으로 한 원형 오비탈이다.
④ 오비탈의 수는 3개, 들어갈 수 있는 최대 전자수는 6개이다.

풀 이

① s 오비탈이 원자핵에서 가장 가까운 오비탈이다.
② n(주양자수) = 1인 경우 p 오비탈은 발견되지 않는다.
③ x, y, z의 3방향을 축으로 한 아령모형의 오비탈이다.

02 주기율표에서 원소를 차례대로 나열할 때 기준이 되는 것은?

① 원자의 부피
② 원자핵의 양성자수
③ 원자가 전자수
④ 원자 반지름의 크기

풀 이

주기율표는 원자번호로 배열된다.
원자번호 = 양성자수 = 중성원자의 전자수

03 전형원소 내에서 원소의 화학적 성질이 비슷한 것은?

① 원소의 족이 같은 경우
② 원소의 주기가 같은 경우
③ 원자 번호가 비슷한 경우
④ 원자의 전자수가 같은 경우

풀 이

동족원소는 원자가 전자수가 같기 때문에 화학적 성질이 비슷하다.

04 불꽃 반응 시 보라색을 나타내는 금속은?

① Li
② K
③ Na
④ Ba

풀이

불꽃반응색
Li(리튬): 빨간색, K(칼륨): 보라색, Na(나트륨): 노란색, Ba(바륨): 황록색

05 원자번호 11이고, 중성자수가 12인 나트륨의 질량수는?

① 11
② 12
③ 23
④ 24

풀이

질량수 = 양성자수 + 중성자수이다.
원자번호는 양성자수와 같으므로 나트륨의 질량수 = 11 + 12 = 23이다.

06 다음과 같은 순서로 커지는 성질이 아닌 것은?

$$F_2 < Cl_2 < Br_2 < I_2$$

① 구성 원자의 전기음성도
② 녹는점
③ 끓는점
④ 구성 원자의 반지름

풀이

할로겐족 원소의 전기음성도는 원자번호가 커질수록 작아진다.

정답 01 ④ 02 ② 03 ① 04 ② 05 ③ 06 ①

07 다음 중 아르곤(Ar)과 같은 전자수를 갖는 양이온과 음이온으로 이루어진 화합물은?

① NaCl ② MgO
③ KF ④ CaS

풀이
원자번호: Ar(18), Na(11), Cl(17), Mg(12), O(8), K(19), F(9), Ca(20), S(16)
아르곤(Ar)의 전자수: 18개
① Na^{+}: 10개, Cl^{-}: 18개
② Mg^{2+}: 10개, O^{2-}: 10개
③ K^{+}: 18개, F^{-}: 10개
④ Ca^{2+}: 18개, S^{2-}: 18개

08 Rn 은 α선 및 β선을 2번씩 방출하고 다음과 같이 변했다. 마지막 Po의 원자번호는 얼마인가? (단, Rn의 원자번호는 86, 원자량은 222이다.)

$$\mathrm{Rn} \xrightarrow{\alpha} \mathrm{Po} \xrightarrow{\alpha} \mathrm{Pb} \xrightarrow{\beta} \mathrm{Bi} \xrightarrow{\beta} \mathrm{Po}$$

① 78 ② 81 ③ 84 ④ 87

풀이
α선 방출: He 방출(질량수 4 감소, 원자번호 2 감소)
β선 방출: 중성자 1개가 양성자로 변함(원자번호 1 증가, 질량 변화 없음)
Rn에서 α선 방출 2번, β선 방출 2번이므로
원자량: $222 - 4 - 4 = 214$
원자번호: $86 - 2 - 2 + 1 + 1 = 84$

09 다음과 같은 전자 배치를 갖는 원자 A와 B에 대한 설명으로 옳은 것은?

A: $1s^2\ 2s^2\ 2p^6\ 3s^2$
B: $1s^2\ 2s^2\ 2p^6\ 3s^1\ 3p^1$

① A와 B는 다른 종류의 원자이다.
② A는 홑원자이고, B는 이원자 상태인 것을 알 수 있다.
③ A와 B는 동위원소로서 전자배열이 다르다.
④ A에서 B로 변할 때 에너지를 흡수한다.

풀이

① A와 B는 원자번호가 같아 같은 원자이다.
② A는 안정한 전자 배치이고, B는 불안정한 상태인 것을 알 수 있다. 이원자 상태는 알 수 없다.
③ 동위원소는 중성자수에 차이로 생기므로 알 수 없다.
④ A에서 B로 변할 때 불안정한 상태의 높은 에너지로 이동하므로 에너지를 흡수한다.

10 주기율표에서 3주기 원소들의 일반적인 물리 · 화학적 성질 중 오른쪽으로 갈수록 감소하는 성질들로만 이루어진 것은?

① 비금속성, 전자흡수성, 이온화에너지
② 금속성, 전자방출성, 원자반지름
③ 비금속성, 이온화에너지, 전자친화도
④ 전자친화도, 전자흡수성, 원자반지름

11 주기율표에서 제2주기에 있는 원소 성질 중 왼쪽에서 오른쪽으로 갈수록 감소하는 것은?

① 원자핵의 하전량
② 원자의 전자의 수
③ 원자반지름
④ 전자껍질의 수

풀이

① 원자핵의 하전량: 증가
② 원자의 전자의 수: 증가
③ 원자반지름: 감소
④ 전자껍질의 수: 변화 없음

12 20개의 양성자와 20개의 중성자를 가지고 있는 것은?

① Zr
② Ca
③ Ne
④ Zn

풀이

20개의 양성자 = 원자번호 20번
20개의 양성자 + 20개의 중성자 = 원자량 40

정답 07 ④ 08 ③ 09 ④ 10 ② 11 ③ 12 ②

13 다음 할로겐족 분자 중 수소와의 반응성이 가장 높은 것은?

① Br_2　② F_2
③ Cl_2　④ I_2

풀이

할로겐족 분자의 반응성: $F_2 > Cl_2 > Br_2 > I_2$

14 방사능 붕괴의 형태 중 $^{226}_{88}Ra$이 α 붕괴할 때 생기는 원소는?

① $^{226}_{86}Rn$　② $^{232}_{90}Th$
③ $^{231}_{91}Pa$　④ $^{238}_{92}U$

풀이

α선 방출: He 방출(질량수 4 감소, 원자번호 2 감소)
β선 방출: 중성자 1개가 양성자로 변함(원자번호 1 증가, 질량 변화 없음)
원자량: $226 - 4 = 222$
원자번호: $88 - 2 = 86$

15 할로겐화수소의 결합에너지 크기를 비교하였을 때 옳게 표시한 것은?

① HI > HBr > HCl > HF　② HBr > HI > HF > HCl
③ HF > HCl > HBr > HI　④ HCl > HBr > HF > HI

풀이

할로겐화수소의 결합에너지 크기: HF > HCl > HBr > HI

16 어떤 원자핵에서 양성자의 수가 3이고, 중성자의 수가 2일 때 질량수는 얼마인가?

① 1　② 3
③ 5　④ 7

풀이

질량수 = 양성자수 + 중성자수
질량수는 $3 + 2 = 5$이다.

17 다음과 같은 경향성을 나타내지 않는 것은?

Li < Na < K

① 원자번호 ② 원자반지름
③ 제1차 이온화에너지 ④ 전자수

풀이
주기율표의 같은 족에서 원자번호가 커질수록 제1차 이온화에너지는 감소한다.

18 중성원자가 무엇을 잃으면 양이온으로 되는가?

① 중성자 ② 핵전하
③ 양성자 ④ 전자

풀이
중성원자가 전자를 잃으면 양이온이 되고 전자를 얻으면 음이온이 된다.

19 다음의 금속원소를 반응성이 큰 순서부터 나열한 것은?

Na, Li, Cs, K, Rb

① Cs > Rb > K > Na > Li
② Li > Na > K > Rb > Cs
③ K > Na > Rb > Cs > Li
④ Na > K > Rb > Cs > Li

풀이
알칼리금속의 반응성: Cs > Rb > K > Na > Li

정답 13 ② 14 ① 15 ③ 16 ③ 17 ③ 18 ④ 19 ①

20 방사성 원소인 U(우라늄)이 다음과 같이 변화되었을 때의 붕괴 유형은?

$$ {}^{238}_{92}U \rightarrow {}^{234}_{90}Th + {}^{4}_{2}He $$

① α 붕괴　② β 붕괴
③ γ 붕괴　④ R 붕괴

풀이
α선 방출 : He 방출(질량수 4 감소, 원자번호 2 감소)
β선 방출 : 중성자 1개가 양성자로 변함(원자번호 1 증가, 질량 변화 없음)

21 전자 배치가 $1s^2\ 2s^2\ 2p^6\ 3s^2\ 3p^5$인 원자의 M껍질에는 몇 개의 전자가 들어 있는가?

① 2　② 4
③ 7　④ 17

풀이
n = 1(K껍질), n = 2(L껍질), n = 3(M껍질)

22 질량수 52인 크롬의 중성자수와 전자수는 각각 몇 개인가? (단, 크롬의 원자번호는 24이다.)

① 중성자수 24, 전자수 24　② 중성자수 24, 전자수 52
③ 중성자수 28, 전자수 24　④ 중성자수 52, 전자수 24

풀이
원자번호 = 양성자수 = 중성원자의 전자수
질량 = 중성원자의 전자수 + 중성자수
중성자수 = 52 − 24 = 28

23 주기율표에서 제2주기에 있는 원소의 성질 중 왼쪽에서 오른쪽으로 갈수록 감소하는 것은?

① 원자핵의 하전량　② 원자의 전자의 수
③ 전자껍질의 수　④ 원자 반지름

풀 이

① 원자핵의 하전량 : 증가
② 원자의 전자의 수 : 증가
③ 전자껍질의 수 : 동일
④ 원자 반지름 : 감소

24 Ca^{2+} 이온의 전자 배치를 옳게 나타낸 것은?

① $1s^2\ 2s^2\ 2p^6\ 3s^2\ 3p^6\ 3d^2$
② $1s^2\ 2s^2\ 2p^6\ 3s^2\ 3p^6\ 3d^2\ 4s^2$
③ $1s^2\ 2s^2\ 2p^6\ 3s^2\ 3p^6\ 4s^2\ 3d^2$
④ $1s^2\ 2s^2\ 2p^6\ 3s^2\ 3p^6$

25 이온화 에너지에 대한 설명으로 옳은 것은?

① 일반적으로 같은 족에서 아래로 갈수록 증가한다.
② 일반적으로 주기율표에서 왼쪽으로 갈수록 증가한다.
③ 바닥상태에 있는 원자로부터 전자를 제거하는 데 필요한 에너지이다.
④ 들뜬상태에서 전자를 하나 받아들일 때 흡수하는 에너지이다.

풀 이

① 일반적으로 같은 족에서 아래로 갈수록 감소한다.
② 일반적으로 주기율표에서 오른쪽으로 갈수록 증가한다.
④ 바닥상태에서 전자를 하나 내어놓을 때 흡수하는 에너지이다.

26 다음 중 $ns^2\ np^3$의 전자구조를 가지는 것은?

① B ② C ③ N ④ O

풀 이

① $_5B$: $1s^2\ 2s^2\ 2p^1$
② $_6C$: $1s^2\ 2s^2\ 2p^2$
③ $_7N$: $1s^2\ 2s^2\ 2p^3$
④ $_8O$: $1s^2\ 2s^2\ 2p^4$

정답 20 ① 21 ③ 22 ③ 23 ④ 24 ④ 25 ③ 26 ③

27 **다음 원소 중 불활성인 것은?**

① Na과 Br
② N와 Cl
③ C와 B
④ He과 Ne

28 **d 오비탈이 수용할 수 있는 최대 전자의 총수는?**

① 6
② 8
③ 10
④ 14

풀이
d 오비탈은 5개의 오비탈이 존재하므로 10개의 전자가 들어갈 수 있다.

29 **원자에서 복사되는 빛은 선 스펙트럼을 만드는데 이것으로부터 알 수 있는 사실은?**

① 빛에 의한 광전자의 방출
② 빛이 파동의 성질을 가지고 있다는 사실
③ 전자껍질의 에너지의 불연속성
④ 원자핵 내부의 구조

30 **분자구조에 대한 설명으로 옳은 것은?**

① BF_3는 삼각 피라미드형이고, NH_3는 선형이다.
② BF_3는 평면 정삼각형이고, NH_3는 삼각 피라미드형이다.
③ BF_3는 굽은형(V형)이고, NH_3는 삼각 피라미드형이다.
④ BF_3는 평면 정삼각형이고, NH_3는 선형이다.

31 **원소의 주기율표에서 같은 족에 속하는 원소들의 화학적 성질에는 비슷한 점이 많다. 이것과 관련 있는 설명은?**

① 같은 크기의 반지름을 가지는 이온이 된다.
② 제일 바깥의 전자 궤도에 들어 있는 전자의 수가 같다.
③ 핵의 양 하전의 크기가 같다.
④ 원자 번호를 8a + b라는 일반식으로 나타낼 수 있다.

풀이
원자가 전자수가 같은 원소는 화학적 성질이 비슷하다.

32 **다음 중 원소의 원자량의 표준이 되는 것은?**

① ^{1}H
② ^{12}C
③ ^{16}O
④ ^{235}U

33 **다음 이온화 에너지를 가지는 3주기 원소는?** 2024년 지방직9급

구분	1차	2차	3차	4차
이온화 에너지[kJ mol^{-1}]	578	1,817	2,745	11,577

① P
② Si
③ Al
④ Mg

풀이
3차 이온화 에너지 ≪ 4차 이온화 에너지이므로 원자가 전자가 3개인 13족 원소가 해당한다.
① $_{15}P$: $1s^2\ 2s^2\ 2p^6\ 3s^2\ 3p^3$ → 15족
② $_{14}Si$: $1s^2\ 2s^2\ 2p^6\ 3s^2\ 3p^2$ → 14족
③ $_{13}Al$: $1s^2\ 2s^2\ 2p^6\ 3s^2\ 3p^1$ → 13족
④ $_{12}Mg$: $1s^2\ 2s^2\ 2p^6\ 3s^2$ → 2족

정답 27 ④ 28 ③ 29 ③ 30 ② 31 ② 32 ② 33 ③

34 다음 원자와 이온 중 반지름이 가장 작은 것은?

2024년 지방직9급

① F ② F^-
③ O^{2-} ④ S^{2-}

풀이

① $_9F$: $1s^2\ 2s^2\ 2p^5$
② $_9F^-$: $1s^2\ 2s^2\ 2p^6$
③ $_8O^{2-}$: $1s^2\ 2s^2\ 2p^6$
④ $_{16}S^{2-}$: $1s^2\ 2s^2\ 2p^6\ 3s^2\ 3p^6$
원자와 이온의 반지름 : $_9F < _9F^- < _8O^{2-} < _{16}S^{2-}$
중성원자와 음이온의 반지름 크기는 전자의 반발력으로 인해 음이온의 반지름이 크다($_9F < _9F^-$).
등전자이온의 반지름 크기는 유효핵전하의 크기로 인해 원자번호가 작을수록 크다($_9F^- < _8O^{2-}$).

35 Rutherford의 알파 입자 산란 실험과 Rutherford가 제안한 원자 모형에 대한 설명으로 옳은 것만을 모두 고르면?

2024년 지방직9급

> ㄱ. 전자는 양자화된 궤도를 따라 핵 주위를 움직인다.
> ㄴ. 금 원자 질량의 대부분과 모든 양전하는 원자핵에 집중되어 있다.
> ㄷ. 금박에 알파 입자를 조사했을 때 대부분의 알파 입자는 산란하지 않고 투과한다.

① ㄱ ② ㄴ
③ ㄴ, ㄷ ④ ㄱ, ㄴ, ㄷ

풀이

ㄱ. 전자는 양자화된 궤도를 따라 핵 주위를 움직인다. → 보어의 원자모형

36 $_{24}Cr$의 바닥상태 전자 배치에서 홀전자로 채워진 오비탈의 개수는?

2024년 지방직9급

① 0 ② 2
③ 4 ④ 6

풀이

$_{24}Cr$: $1s^2\ 2s^2\ 2p^6\ 3s^2\ 3p^6\ 4s^1\ 3d^5$
주의해야 할 전자 배치로 $4s^1\ 3d^5$와 같이 전자 배치가 이루어져 홀전자의 수는 6개이다.

37 다음 다원자 음이온에 대한 명명으로 옳지 않은 것은? 2023년 지방직9급

음이온 – 명명

① NO_2^- – 질산이온
② HCO_3^- – 탄산수소이온
③ OH^- – 수산화이온
④ ClO_4^- – 과염소산이온

풀 이

NO_2^- – 아질산이온

38 다음은 3주기 원소 중 하나의 순차적 이온화 에너지[IEn(kJ mol^{-1})]를 나타낸 것이다. 이 원자에 대한 설명으로 옳은 것만을 모두 고른 것은? 2023년 지방직9급

IE_1	IE_2	IE_3	IE_4	IE_5
578	1817	2745	11577	14842

ㄱ. 바닥 상태의 전자 배치는 [Ne] $3s^2$ $3p^2$이다.
ㄴ. 가장 안정한 산화수는 +3이다.
ㄷ. 염산과 반응하면 수소 기체가 발생한다.

① ㄱ
② ㄷ
③ ㄱ, ㄴ
④ ㄴ, ㄷ

풀 이

$IE_3 \ll IE_4$이므로 3주기 13족 원소인 $_{13}Al$(알루미늄)이다.
바닥 상태의 전자 배치는 [Ne] $3s^2$ $3p^1$이다.
염산과 반응하면 $2Al + 6HCl \rightarrow 2AlCl_3 + 3H_2\uparrow$ 이다.

정답 34 ① 35 ③ 36 ④ 37 ① 38 ④

39 원자가 결합 이론에 근거한 NO에 대한 설명으로 옳지 않은 것은?

2023년 지방직9급

① NO는 각각 한 개씩의 σ결합과 π결합을 가진다.
② NO는 O에 홀전자를 가진다.
③ NO의 형식 전하의 합은 0이다.
④ NO는 O_2와 반응하여 쉽게 NO_2로 된다.

풀이

① NO는 각각 한 개씩의 σ결합과 π결합을 가진다.
이중결합: 시그마(σ)결합 1개 + 파이(π)결합 1개를 가진다.
② NO는 N에 홀전자를 가진다.
③ NO의 형식 전하의 합은 0이다. 형식전하가 0인 구조가 더 안정한 구조이다.
④ NO는 O_2와 반응하여 쉽게 NO_2로 된다.
$NO + 0.5O_2 \rightarrow NO_2$

40 원자에 대한 설명으로 옳은 것만을 모두 고르면?

2022년 지방직9급

ㄱ. 양성자는 음의 전하를 띤다.
ㄴ. 중성자는 원자 크기의 대부분을 차지한다.
ㄷ. 전자는 원자핵의 바깥에 위치한다.
ㄹ. 원자량은 ^{12}C 원자의 질량을 기준으로 정한다.

① ㄱ, ㄴ
② ㄱ, ㄷ
③ ㄴ, ㄹ
④ ㄷ, ㄹ

풀이

바르게 고쳐보면
ㄱ. 양성자는 양의 전하를 띤다.
ㄴ. 양성자는 원자 크기의 대부분을 차지한다.

PART 02

41

중성 원자 X~Z의 전자 배치이다. 이에 대한 설명으로 옳은 것은? (단, X~Z는 임의의 원소 기호이다.) 2022년 지방직9급

- X: $1s^2\ 2s^1$
- Y: $1s^2\ 2s^2$
- Z: $1s^2\ 2s^2\ 2p^4$

① 최외각 전자의 개수는 Z > Y > X 순이다.
② 전기음성도의 크기는 Z > X > Y 순이다.
③ 원자 반지름의 크기는 X > Z > Y 순이다.
④ 이온 반지름의 크기는 Z^{2-} > Y^{2+} > X^{+} 순이다.

풀 이

바르게 고쳐보면
② 전기음성도의 크기는 Z(O) > Y(Be) > X(Li) 순이다.
③ 원자 반지름의 크기는 X(Li) > Y(Be) > Z(O) 순이다.
④ 이온 반지름의 크기는 Z^{2-}(O) > X^{+}(Li) > Y^{2+}(Be) 순이다.

42

2~4주기 알칼리 원소에서 원자번호의 증가와 함께 나타나는 변화로 옳은 것은? 2022년 지방직9급

① 전기음성도가 작아진다.
② 정상 녹는점이 높아진다.
③ 25℃, 1atm에서 밀도가 작아진다.
④ 원자가 전자의 개수가 커진다.

풀 이

바르게 고쳐보면
② 원자번호가 증가함에 따라 원자 반지름이 커지고 핵간의 거리가 멀어져 녹는점과 끓는점이 낮아진다.
③ 25℃, 1atm에서 밀도가 커진다. 부피가 일정한 경우 질량이 커져 밀도는 커진다.
④ 원자가 전자의 개수는 같다. 1족 알칼리금속은 원자가 전자의 수가 1개이다.

정답 39 ② 40 ④ 41 ① 42 ①

43 이온화 에너지에 대한 설명으로 옳은 것만을 모두 고르면?

2022년 지방직9급

> ㄱ. 1차 이온화 에너지는 기체 상태 중성 원자에서 전자 1개를 제거하는 데 필요한 에너지이다.
> ㄴ. 1차 이온화 에너지가 큰 원소일수록 양이온이 되기 쉽다.
> ㄷ. 순차적 이온화 과정에서 2차 이온화 에너지는 1차 이온화 에너지보다 크다.

① ㄱ, ㄴ
② ㄱ, ㄷ
③ ㄴ, ㄷ
④ ㄱ, ㄴ, ㄷ

풀이

바르게 고쳐보면
ㄴ. 1차 이온화 에너지가 큰 원소일수록 양이온이 되기 어렵다.

44 오존(O_3)에 대한 설명으로 옳지 않은 것은?

2022년 지방직9급

① 공명 구조를 갖는다.
② 분자의 기하 구조는 굽은형이다.
③ 색깔과 냄새가 없다.
④ 산소(O_2)보다 산화력이 더 강하다.

풀이

오존 : 무색, 무미, 해초 냄새

45 루이스 구조 이론을 근거로, 다음 분자들에서 중심 원자의 형식 전하 합은?

2022년 지방직9급

> I_3^- OCN^-

① −1
② 0
③ 1
④ 2

풀이

I_3^- : 중심원자 I의 형식 전하 −1
OCN^- : 중심원자 C의 형식 전하 0

46 주족 원소의 주기적 성질에 대한 설명으로 옳은 것만을 모두 고르면?

2021년 지방직9급

ㄱ. 같은 족에 있는 원소들은 원자 번호가 커질수록 원자 반지름이 증가한다.
ㄴ. 같은 주기에 있는 원소들은 원자 번호가 커질수록 원자 반지름이 증가한다.
ㄷ. 전자친화도는 주기의 왼쪽에서 오른쪽으로 갈수록 더 큰 양의 값을 갖는다.
ㄹ. He은 Li보다 1차 이온화 에너지가 훨씬 크다.

① ㄱ, ㄴ
② ㄱ, ㄹ
③ ㄴ, ㄷ
④ ㄱ, ㄷ, ㄹ

풀이

바르게 고쳐보면
ㄴ. 같은 주기에 있는 원소들은 원자 번호가 커질수록 원자 반지름이 감소한다.
ㄷ. 전자친화도는 주기의 왼쪽에서 오른쪽으로 갈수록 대부분 더 큰 양의 값을 갖지만 2족과 18족의 경우 전자를 받았을 때 불안정해지기 때문에 (−) 값을 갖는다.

47 다음 양자수 조합 중 가능하지 않은 조합은? (단, n은 주양자수, l은 각 운동량 양자수, m_l은 자기 양자수, m_s는 스핀 양자수이다.)

2021년 지방직9급

	n	l	m_l	m_s
①	2	1	0	$-\frac{1}{2}$
②	3	0	−1	$+\frac{1}{2}$
③	3	2	0	$+\frac{1}{2}$
④	4	3	−2	$+\frac{1}{2}$

풀이

바르게 고쳐보면

	n	l	m_l	m_s
②	3	0	0	$+\frac{1}{2}$

정답 43 ② 44 ③ 45 ① 46 ② 47 ②

48 $_{29}Cu$에 대한 설명으로 옳지 않은 것은? 2021년 지방직9급

① 상자성을 띤다.

② 산소와 반응하여 산화물을 형성한다.

③ Zn보다 산화력이 약하다.

④ 바닥 상태의 전자 배치는 [Ar] $4s^1$ $3d^{10}$이다.

풀이

산화가 잘될수록 환원력이 커지므로 Cu는 Zn보다 환원력이 약하고 산화력이 강하다.

49 다음은 원자 A~D에 대한 원자 번호와 1차 이온화 에너지(IE_1)를 나타낸다. 이에 대한 설명으로 옳은 것은? (단, A~D는 2, 3주기에 속하는 임의의 원소 기호이다.) 2021년 지방직9급

	A	B	C	D
원자 번호	n	n + 1	n + 2	n + 3
IE_1[$kJmol^{-1}$]	1,681	2,088	495	735

① A_2 분자는 반자기성이다.

② 원자 반지름은 B가 C보다 크다.

③ A와 C로 이루어진 화합물은 공유 결합 화합물이다.

④ 2차 이온화 에너지(IE_2)는 C가 D보다 작다.

풀이

전자껍질의 변화로 이온화 에너지는 큰 변화를 보인다. 원자번호가 증가함에 따라 1차 이온화 에너지가 A와 B, C와 D에서 큰 차이를 보이므로 A와 B는 2주기, C와 D는 3주기 원소임을 알 수 있다.

A : $_9F$, B : $_{10}Ne$, C : $_{11}Na$, D : $_{12}Mg$ 이다.

① A_2 분자는 F_2로 반자기성이며 무극성분자이다.

② 원자 반지름은 B(Ne)가 C(Na)보다 작다.

$_{10}Ne$: $1s^2$ $2s^2$ $2p^6$

$_{11}Na$: $1s^2$ $2s^2$ $2p^6$ $3s^1$

③ A(F)와 C(Na)로 이루어진 화합물은 이온결합화합물이다. 이온결합화합물은 금속 + 비금속 간의 결합이다.

④ 2차 이온화 에너지(IE_2)는 C(Na)가 D(Mg)보다 크다.

50 다음은 원자 A~D에 대한 양성자수와 중성자수를 나타낸다. 이에 대한 설명으로 옳은 것은? (단, A~D 는 임의의 원소기호이다.)

2020년 지방직9급

원자	A	B	C	D
양성자수	17	17	18	19
중성자수	18	20	22	20

① 이온 A^- 와 중성원자 C의 전자수는 같다.
② 이온 A^- 와 이온 B^+의 질량수는 같다.
③ 이온 B^- 와 중성원자 D의 전자수는 같다.
④ 원자 A~D 중 질량수가 가장 큰 원자는 D이다.

풀이

② 이온 A^-와 이온 B^+의 질량수는 같지 않다(질량수 A^- : 35, B^+ : 37).
③ 이온 B^-와 중성원자 D의 전자수는 같지 않다(전자수 B^- : 18, D : 19).
④ 원자 A~D 중 질량수가 가장 큰 원자는 C이다.

원자	A	B	C	D
양성자수	17	17	18	19
중성자수	18	20	22	20
질량수	35	37	40	39

51 주기율표에 대한 설명으로 옳지 않은 것은?

2020년 지방직9급

① O^{2-}, F^-, Na^+ 중에서 이온반지름이 가장 큰 것은 O^{2-}이다.
② F, O, N, S 중에서 전기음성도는 F가 가장 크다.
③ Li과 Ne 중에서 1차 이온화 에너지는 Li이 더 크다.
④ Na, Mg, Al 중에서 원자반지름이 가장 작은 것은 Al이다.

풀이

① 등전자이온의 반지름은 원자번호가 클수록 작아진다.
② 전기음성도가 가장 큰 플루오린(F)의 전기음성도를 4.0으로 정하고 이를 기준으로 다른 원소들의 전기음성도 값을 정하였다.
③ Li과 Ne 중에서 1차 이온화 에너지는 Ne이 더 크다.
이온화 에너지는 기체 상태의 원자 1몰에서 전자 1몰을 떼어 내는데 필요한 최소에너지를 의미한다. 18족 비활성기체는 매우 안정하여 이온화 에너지가 크다.
④ 같은 주기에 있는 원소들은 원자 번호가 커질수록 원자 반지름이 감소한다.

정답 48 ③ 49 ① 50 ① 51 ③

52 중성원자를 고려할 때, 원자가 전자수가 같은 원자들의 원자번호끼리 옳게 짝 지은 것은?

2020년 지방직9급

① 1, 2, 9
② 5, 6, 9
③ 4, 12, 17
④ 9, 17, 35

풀 이

원자번호	원소	족	주기	원자가 전자
1	H	1	1	1
2	He	18	1	2
4	Be	2	2	2
5	B	13	2	3
6	C	14	2	4
9	F	17	2	7
12	Mg	2	3	2
17	Cl	17	3	7
35	Br	17	4	7

53 다음 바닥상태의 전자 배치 중 17족 할로젠 원소는?

2019년 지방직9급

① $1s^2\ 2s^2\ 2p^6\ 3s^2\ 3p^5$
② $1s^2\ 2s^2\ 2p^6\ 3s^2\ 3p^6\ 3d^7\ 4s^2$
③ $1s^2\ 2s^2\ 2p^6\ 3s^2\ 3p^6\ 4s^1$
④ $1s^2\ 2s^2\ 2p^6\ 3s^2\ 3p^6$

풀 이

바닥상태의 17족 할로겐족 원소의 원자가 전자는 7개이다. 보기에서 7개인 원소는 1번이다.

54 팔전자 규칙(octet rule)을 만족시키지 않는 분자는?

2019년 지방직9급

① NO
② F_2
③ CO_2
④ N_2

풀 이

질소는 원자가 전자를 7개 갖는다.

55 다음 각 원소들이 아래와 같은 원자 구성을 가지고 있을 때, 동위원소는?

2018년 지방직9급

$$^{410}_{186}A \quad ^{410}_{183}X \quad ^{412}_{186}Y \quad ^{412}_{185}Z$$

① A, Y ② A, Z ③ X, Y ④ X, Z

풀 이

동위원소: 양성자의 수가 같아 원자번호는 같으나 중성자의 수가 달라 질량이 서로 다른 원소이다.

- 원자번호 = 양성자수 = 중성원자의 전자수
- 질량 = 양성자수 + 중성자수

	$^{410}_{186}A$	$^{410}_{183}X$	$^{412}_{186}Y$	$^{412}_{185}Z$
원자번호 양성자수 전자수	186	183	186	185
질량수	410	410	412	412
중성자수	224	227	226	227

56 방사성 실내 오염 물질은?

2018년 지방직9급

① 라돈(Rn) ② 이산화 질소(NO_2)
③ 일산화 탄소(CO) ④ 폼알데하이드(CH_2O)

풀 이

라돈의 특성

자연 방사능 물질 중 하나로 무색, 무취의 기체로 공기보다 9배 정도 무겁고 주요 발생원은 토양, 시멘트, 콘크리트, 대리석 등의 건축자재와 지하수, 동굴 등이다.

57 원자들의 바닥 상태 전자 배치로 옳지 않은 것은?

2018년 지방직9급

① Co : [Ar] $4s^1$ $3d^8$ ② Cr : [Ar] $4s^1$ $3d^5$
③ Cu : [Ar] $4s^1$ $3d^{10}$ ④ Zn : [Ar] $4s^2$ $3d^{10}$

풀 이

$_{18}Ar$: $1s^2$ $2s^2$ $2p^6$ $3s^2$ $3p^6$
$_{27}Co$: [Ar] $4s^2$ $3d^7$

정 답 52 ④ 53 ① 54 ① 55 ① 56 ① 57 ①

58 주기율표에서 원소들의 주기적 경향성을 설명한 내용으로 옳지 않은 것은?

2017년 지방직9급

① Al의 1차 이온화 에너지가 Na의 1차 이온화 에너지보다 크다.
② F의 전자 친화도가 O의 전자 친화도보다 더 큰 음의 값을 갖는다.
③ K의 원자 반지름이 Na의 원자 반지름보다 작다.
④ Cl의 전기음성도가 Br의 전기음성도보다 크다.

풀 이

같은 족에서 원자번호가 클수록 원자반지름이 크다.
Na : 11번, K : 19번

59 다음 원자들에 대한 설명으로 옳은 것은?

2017년 지방직9급

		원자번호	양성자수	전자수	중성자수	질량수
①	${}^{3}_{1}H$	1	1	2	2	3
②	${}^{13}_{6}C$	6	6	6	7	13
③	${}^{17}_{8}O$	8	8	8	8	16
④	${}^{15}_{7}N$	7	7	8	8	15

풀 이

$^{\text{질량수}}_{\text{원자번호}}\text{원소기호}^{\text{이온의 전하}}_{\text{원자의 수}}$

		원자번호	양성자수	전자수	중성자수	질량수
①	${}^{3}_{1}H$	1	1	1	2	3
③	${}^{17}_{8}O$	8	8	8	9	17
④	${}^{15}_{7}N$	7	7	7	8	15

60 **다음은 중성 원자 A~D의 전자 배치를 나타낸 것이다. A~D에 대한 설명으로 옳은 것은? (단, A~D는 임의의 원소 기호이다.)** 2017년 지방직9급

A: $1s^2\ 3s^1$
B: $1s^2\ 2s^2\ 2p^3$
C: $1s^2\ 2s^2\ 2p^6\ 3s^1$
D: $1s^2\ 2s^2\ 2p^6\ 3s^2\ 3p^4$

① A는 바닥 상태의 전자 배치를 가지고 있다.
② B의 원자가 전자수는 4개이다.
③ C의 홀전자수는 D의 홀전자 수보다 많다.
④ C의 가장 안정한 형태의 이온은 C^+이다.

풀이
① A는 들뜬 상태의 전자 배치를 가지고 있다.
② B의 원자가 전자수는 5개이다.
③ C의 홀전자수는 D의 홀전자수보다 적다(C: 1개, D: 2개).

61 **원소들의 전기음성도 크기의 비교가 올바른 것은?** 2016년 지방직9급

① C < H
② S < P
③ S < O
④ Cl < Br

풀이
같은 주기: 원자번호가 클수록 대체로 증가한다.
같은 족: 원자번호가 클수록 대체로 감소한다.
① C(2.5) > H(2.1)
② S(2.5) > P(2.2)
③ S(2.5) < O(3.5)
④ Cl(3.0) > Br(2.8)

정답 58 ③ 59 ② 60 ④ 61 ③

62 그림 (가)~(라)는 산소(O) 원자의 전자 배치이다.

	1s	2s	2p			3s
(가)	↑↓	↑↓	↑↓	↑	↑	
(나)	↑↓	↑↓	↑	↑	↑↓	
(다)	↑↓	↑↓	↑↑	↑	↑	
(라)	↑↓	↑↓	↑	↑	↑	↑

이에 대한 설명으로 옳은 것만을 〈보기〉에서 있는 대로 고른 것은?

보기

ㄱ. (가)와 (나)는 모두 바닥상태의 전자 배치이다.
ㄴ. (다)는 파울리 배타원리에 어긋난다.
ㄷ. (라)는 들뜬상태의 전자 배치이다.

① ㄱ ② ㄷ
③ ㄱ, ㄴ ④ ㄱ, ㄴ, ㄷ

풀 이

(가)와 (나) : 쌓음원리, 파울리의 배타원리, 훈트규칙을 모두 만족하며 안정한 바닥상태 전자 배치이다.
(다) : ↑방향으로 전자 2개가 있어 파울리의 배타원리에 어긋난다.
(라) : 쌓음원리에 어긋나며 불안정한 들뜬 상태 전자 배치이다.

63 다음 분자 (가)~(다)에 대한 설명으로 옳은 것만을 〈보기〉에서 있는 대로 고른 것은?

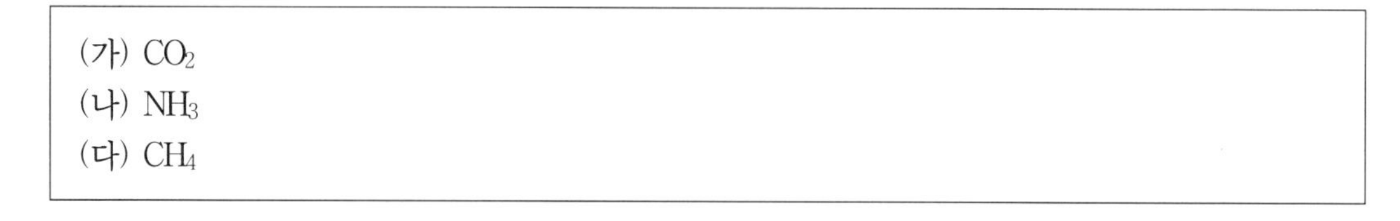
(가) CO_2
(나) NH_3
(다) CH_4

보기

ㄱ. 극성 분자는 2가지이다.
ㄴ. 결합각은 (가)가 가장 크다.
ㄷ. 중심 원자에 비공유 전자쌍이 존재하는 분자는 2가지이다.

① ㄱ ② ㄴ
③ ㄷ ④ ㄱ, ㄴ

풀이

ㄱ. 극성 분자: (나), 1가지
ㄴ. 결합각: (가) 180° > (다) 109.5° > (나) 107°
ㄷ. 중심 원자에 비공유 전자쌍이 존재하는 분자: (나), 1가지

64 표는 수소 원자의 오비탈 (가)~(다)에 대한 자료이다. n, l, m_l는 각각 주 양자수, 방위 양자수, 자기 양자수이다.

	n + l	l + m_l
(가)	1	0
(나)	2	0
(다)	3	1

이에 대한 설명으로 옳은 것만을 〈보기〉에서 있는 대로 고른 것은?

보기

ㄱ. 방위 양자수(l)는 (가) = (나)이다.
ㄴ. 에너지 준위는 (가) > (나)이다.
ㄷ. (다)의 모양은 구형이다.

① ㄱ　② ㄴ
③ ㄱ, ㄷ　④ ㄴ, ㄷ

풀이

(가) n + l = 1이고 l + m_l = 0이므로 n = 1, l = 0, m_l = 0이다.
(가)는 1s이다.
(나) n + l = 2, n + m_l = 0이므로 n = 2, l = 0, m_l = 0이다.
(나)는 2s이다.
(다)는 n + l = 3, l + m_l = 1이므로 n = 3, l = 0 또는 n = 2, l = 1이다.
n = 3, l = 0 이라 가정하면 l = 0일 때 m_l = 0이어야 하므로 l + m_l = 0이어야 하므로 맞지 않다.
따라서 n = 2, l = 1이므로 m_l = 0이다.
(다)는 2p이다.

	오비탈	n	l	m_l
(가)	1s	1	0	0
(나)	2s	2	0	0
(다)	2p	2	1	0

ㄴ. 에너지 준위는 (가) < (나)이다.
ㄷ. (다)의 모양은 아령모양이다.

정답　62 ④　63 ②　64 ①

65

다음 O_2, F_2, OF_2의 루이스 전자점식에서 각 분자의 구성원자수(a), 분자를 구성하는 원자들의 원자가 전자수 합(b), 공유 전자쌍 수(c) 사이의 관계식으로 가장 적절한 것은?

분자	구성원자수(a)	원자가 전자수 합(b)	공유 전자쌍 수(c)
O_2			2
F_2		14	
OF_2	3		

① $8a = b - c$
② $8a = b - 2c$
③ $8a = 2b - c$
④ $8a = b + 2c$

풀이

분자	구성원자수(a)	원자가 전자수 합(b)	공유 전자쌍 수(c)
O_2	1	12	2
F_2	1	14	1
OF_2	3	20	2

분자의 루이스 전자점식에 표시되는 전자의 수는 각 원자의 원자가 전자수 합(b)와 같다.
[구성원자수(a) × 8] = [공유 전자쌍에 있는 전자수 × 2]
[구성원자수(a) × 8] − [공유 전자쌍 수(c) × 2] = 원자가 전자수 합(b)
O_2 : $8 \times 2(a) = 12(b) + 2 \times 2(c)$
F_2 : $8 \times 2(a) = 14(b) + 2 \times 1(c)$
OF_2 : $8 \times 3(a) = 20(b) + 2 \times 2(c)$
이므로 $8a = b + 2c$가 성립한다.

66

다음은 원자 W~Z에 대한 자료이다.

- W~Z는 각각 O, F, Na, Mg 중 하나이다.
- 각 원자의 이온은 모두 Ne의 전자 배치를 갖는다.
- Y와 Z는 2주기 원소이다.
- X와 Z는 2 : 1로 결합하여 안정한 화합물을 형성한다.

이에 대한 설명으로 옳은 것만을 〈보기〉에서 있는 대로 고른 것은? (단, W~Z는 임의의 원소 기호이다.)

보기
ㄱ. W는 Na이다.
ㄴ. 녹는점은 WZ가 CaO보다 높다.
ㄷ. X와 Y의 안정한 화합물은 XY_2이다.

① ㄱ
② ㄴ
③ ㄷ
④ ㄱ, ㄴ

풀이

O, F, Na, Mg

Y와 Z는 2주기 원소이므로 O, F 중 하나이다.

X와 Z는 2 : 1로 결합하여 안정한 화합물을 형성하므로 Na_2O이다.

따라서 X : Na, Z : O, Y : F, W : Mg 이다.

ㄱ. W는 Mg이다.

ㄴ. 녹는점은 WZ(MgO)가 CaO보다 높다.
 이온의 전하량은 같고 Mg이 Ca보다 원자 반지름이 작다. 이온사이의 거리가 짧아 이온결합력이 커서 녹는점은 MgO가 CaO보다 높다.

ㄷ. X(Na)와 Y(F)의 안정한 화합물은 XY(NaF)이다.

67 **다음은 원자 A～D에 대한 자료이다. A～D의 원자 번호는 각각 7, 8, 12, 13 중 하나이고, A～D의 이온은 모두 Ne의 전자 배치를 갖는다.**

○ 원자 반지름은 A가 가장 크다.
○ 이온 반지름은 B가 가장 작다.
○ 제2 이온화 에너지는 D가 가장 크다.

A～D에 대한 설명으로 옳은 것만을 〈보기〉에서 있는 대로 고른 것은? (단, A～D는 임의의 원소 기호이다.)

보기
ㄱ. 이온 반지름은 C가 가장 크다.
ㄴ. 제2 이온화 에너지는 A > B이다.
ㄷ. 원자가 전자가 느끼는 유효핵전하는 D > C이다.

① ㄱ ② ㄴ
③ ㄱ, ㄷ ④ ㄴ, ㄷ

풀이

$_7N$: $1s^2\ 2s^2\ 2p^3$
$_8O$: $1s^2\ 2s^2\ 2p^4$
$_{12}Mg$: $1s^2\ 2s^2\ 2p^6\ 3s^2$
$_{13}Al$: $1s^2\ 2s^2\ 2p^6\ 3s^2\ 3p^1$

원자 반지름 : O < N < Al < Mg
이온 반지름 : Al < Mg < O < N
제2 이온화 에너지 : Mg < Al < N < O
∴ A : Mg, B : Al, C : N, D : O

정답 65 ④ 66 ③ 67 ③

68 그림은 원자 $_6C$의 전자 배치 (가)~(다)를 나타낸 것이다.
이에 대한 설명으로 옳은 것만을 〈보기〉에서 있는 대로 고른 것은?

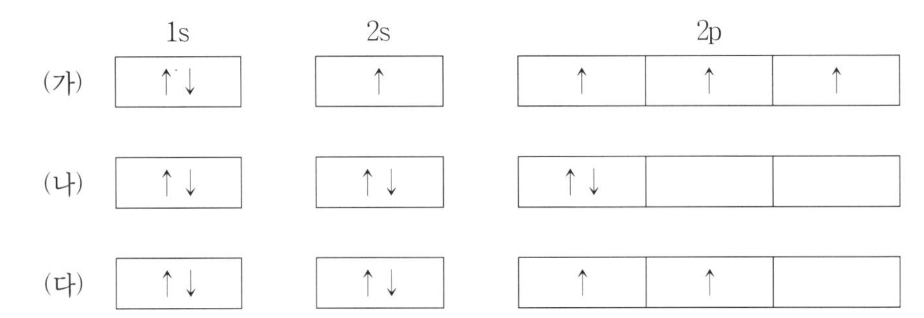

보기

ㄱ. (가)는 쌓음 원리를 만족한다.
ㄴ. (다)는 바닥상태 전자 배치이다.
ㄷ. (가)~(다)는 모두 파울리 배타원리를 만족한다.

① ㄱ
② ㄴ
③ ㄱ, ㄷ
④ ㄴ, ㄷ

풀이

ㄱ. (가)는 쌓음 원리를 만족하지 않는다.
2s 오비탈에 전자가 채워지지 않고 2p 오비탈에 전자가 채워져 쌓음원리를 만족하지 않는다.

69 그림은 1, 2 주기 원소 A~C로 이루어진 이온(가)와 분자(나)의 루이스 전자점식을 나타낸 것이다. 이에 대한 설명으로 옳은 것만을 〈보기〉에서 있는 대로 고른 것은? (단, A~C는 임의의 원소 기호이다.)

[:A:B]⁻ (가)　　B:C: (나)

보기

ㄱ. 1mol에 들어 있는 전자수는 (가)와 (나)가 같다.
ㄴ. A와 C는 같은 족 원소이다.
ㄷ. AC_2의 [비공유 전자쌍 수]/[공유 전자쌍 수] = 4이다.

① ㄱ, ㄴ
② ㄴ
③ ㄷ
④ ㄱ, ㄷ

풀이

A : O(산소), B : H(수소), C : F(불소)
ㄴ. A(O)와 C(F)는 같은 주기 원소이다.
AC_2(OF_2)는 [비공유 전자쌍 수]/[공유 전자쌍 수] = 8/2 = 4이다.

정답 68 ④ 69 ④

70 다음 표는 오비탈 A, B에 대한 자료이다.

오비탈	주 양자수(n)	방위(부) 양자수(l)	모양
A	1	a	구형
B	2	b	아령형

이에 대한 설명으로 옳은 것만을 〈보기〉에서 있는 대로 고른 것은?

보기

ㄱ. A는 1s 오비탈이다.
ㄴ. $a + b = 2$이다.
ㄷ. B의 자기 양자수(m_l)는 $+\frac{1}{2}$ 이다.

① ㄱ
② ㄴ
③ ㄱ, ㄷ
④ ㄴ, ㄷ

풀이

A : 1s 오비탈, B : 2p 오비탈
ㄴ. $a + b = 0 + 1 = 1$
ㄷ. 방위 양자수가 ℓ 일 때 자기양자수는 $-\ell$, 0, ~ $+\ell$로 존재하므로 $+\frac{1}{2}$이 될 수 없다.

PART 02

71 다음은 2주기 바닥 상태 원자 X와 Y에 대한 자료이다.

○ X와 Y의 홀전자수의 합은 5 이다.
○ 전자가 들어 있는 p 오비탈 수는 Y > X이다.

바닥 상태 원자 X의 전자 배치로 적절한 것은? (단, X와 Y는 임의의 원소 기호이다.)

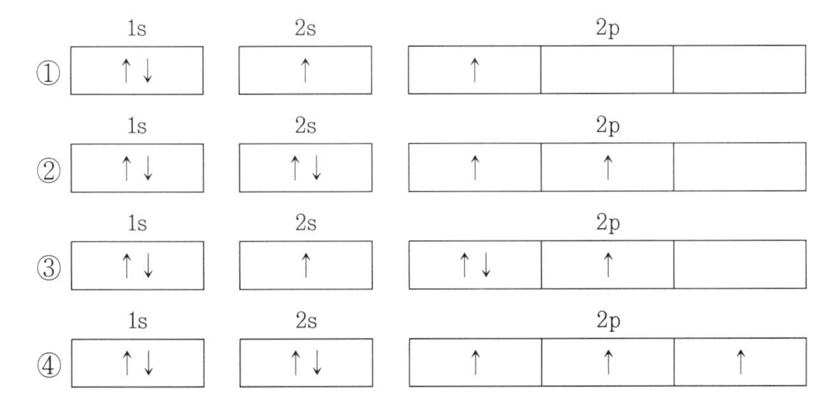

풀 이

2주기 원소 중에서 p 오비탈에 전자가 채워지는 원소는
$_5B$, $_6C$, $_7N$, $_8O$, $_9F$, $_{10}Ne$이다.
$_5B$: $1s^2\ 2s^2\ 2p^1$ → 홀전자수 : 1
$_6C$: $1s^2\ 2s^2\ 2p^2$ → 홀전자수 : 2
$_7N$: $1s^2\ 2s^2\ 2p^3$ → 홀전자수 : 3
$_8O$: $1s^2\ 2s^2\ 2p^4$ → 홀전자수 : 2
$_9F$: $1s^2\ 2s^2\ 2p^5$ → 홀전자수 : 1
$_{10}Ne$: $1s^2\ 2s^2\ 2p^6$ → 홀전자수 : 0
홀전자수 합이 5가 되는 원소 : C와 N 또는 N과 O
전자가 들어 있는 p 오비탈 수 : Y(N) > X(C)
X는 C(탄소)이다.

1s	2s	2p		
↑↓	↑↓	↑	↑	

정답 70 ① 71 ②

이찬범 화학

단원별 기출문제집

화학 결합과 분자구조

화학 결합과 분자구조

01 다음 이원자 분자 중 결합에너지 값이 가장 큰 것은?

① H_2　　② N_2

③ O_2　　④ F_2

풀 이

공유결합의 수가 많을수록 결합에너지는 크다(단일결합 $<$ 2중결합 $<$ 3중결합).

① H_2 : 단일결합

② N_2 : 3중결합

③ O_2 : 2중결합

④ F_2 : 단일결합

02 모두 염기성 산화물로만 나타낸 것은?

① CaO, Na_2O　　② K_2O, SO_2

③ CO_2, SO_3　　④ Al_2O_3, P_2O_5

풀 이

산성 산화물(비금속산화물) : CO_2, SO_3, P_2O_5

염기성 산화물(금속산화물) : CaO, Na_2O, K_2O, Al_2O_3

03 산성 산화물에 해당하는 것은?

① CaO　　② Na_2O

③ CO_2　　④ MgO

풀 이

염기성 산화물(금속산화물) : CaO, Na_2O, MgO

산성 산화물(비금속산화물) : CO_2, NO_2, SO_2

04 다음 중 두 물질을 섞었을 때 용해성이 가장 낮은 것은?

① C_6H_6과 H_2O
② NaCl과 H_2O
③ C_2H_5OH과 H_2O
④ C_2H_5OH과 CH_3OH

풀이

극성 물질은 대부분 극성 물질에 잘 녹고, 비극성 물질은 대부분 비극성 물질에 잘 녹는다.
① C_6H_6(비극성), H_2O(극성)
② NaCl(극성), H_2O(극성)
③ C_2H_5OH(극성), H_2O(극성)
④ C_2H_5OH(극성), CH_3OH(극성)

05 다음 중 비극성 분자는 어느 것인가?

① HF
② H_2O
③ NH_3
④ CH_4

풀이

① HF : 선형, 180°, 극성
② H_2O : 굽형, 104.5°, 극성
③ NH_3 : 삼각뿔형, 107°, 극성
④ CH_4 : 정사면체형, 109.5°, 비극성

06 결합력이 큰 것부터 순서대로 나열한 것은?

① 공유결합 > 수소결합 > 반데르발스결합
② 수소결합 > 공유결합 > 반데르발스결합
③ 반데르발스결합 > 수소결합 > 공유결합
④ 수소결합 > 반데르발스결합 > 공유결합

정답 01 ② 02 ① 03 ③ 04 ① 05 ④ 06 ①

07 다음 중 양쪽성 산화물에 해당하는 것은?

① NO_2 ② Al_2O_3
③ MgO ④ Na_2O

풀이

양쪽성 산화물 : Al_2O_3, ZnO, SnO, PbO
산성 산화물(비금속산화물) : CO_2, SO_3, P_2O_5
염기성 산화물(금속산화물) : CaO, Na_2O, K_2O, Al_2O_3

08 어떤 금속(M) 8g을 연소시키니 11.2g의 산화물이 얻어졌다. 이 금속의 원자량이 140이라면 이 산화물의 화학식은?

① M_2O_3 ② MO
③ MO_2 ④ M_2O_7

풀이

산소의 양 : 11.2 − 8 = 3.2g

금속의 mol : $\frac{8g}{140g/mol} = 0.057mol$

산소의 mol : $\frac{3.2g}{16g/mol} = 0.2mol$

M : O = 0.057 : 0.2 = 1 : 3.5 = 2 : 7
따라서 M_2O_7이다.

09 한 분자 내에 배위결합과 이온결합을 동시에 가지고 있는 것은?

① NH_4Cl ② C_6H_6
③ CH_3OH ④ $NaCl$

풀이

① NH_4Cl : NH_4^+는 배위결합으로 이루어져 있으며, NH_4^+와 Cl^-은 이온결합을 한다.
② C_6H_6 : 공유결합
③ CH_3OH : 공유결합
④ $NaCl$: 이온결합

10 기체상태의 염화수소는 어떤 화학결합으로 이루어진 화합물인가?

① 극성공유결합　② 이온결합
③ 비극성공유결합　④ 배위공유결합

풀이
비금속 + 비금속으로 전기음성도가 다른 H와 Cl의 극성공유결합으로 이루어진 화합물이다.

11 H_2O가 H_2S보다 끓는점이 높은 이유는?

① 이온결합을 하고 있기 때문에
② 수소결합을 하고 있기 때문에
③ 공유결합을 하고 있기 때문에
④ 분자량이 적기 때문에

12 비금속원소와 금속원소 사이의 결합은 일반적으로 어떤 결합에 해당되는가?

① 공유결합　② 금속결합
③ 비금속결합　④ 이온결합

13 원자량이 56인 금속 M 1.12g을 산화시켜 실험식이 MxOy인 산화물 1.60g을 얻었다. x, y는 각각 얼마인가?

① x = 1, y = 2　② x = 2, y = 3
③ x = 3, y = 2　④ x = 2, y = 1

풀이
반응한 산소의 질량 = 산화물 − 금속의 질량 = 1.60 − 1.12 = 0.48g

반응한 산소의 몰수 = $0.48g \times \frac{mol}{16g} = 0.03mol$

반응 한 금속의 몰수 = $1.12g \times \frac{mol}{56g} = 0.02mol$

x : y = 2 : 3 이므로 M_2O_3이다.

정답 07 ② 08 ④ 09 ① 10 ① 11 ② 12 ④ 13 ②

14 다음 화합물 중에서 가장 작은 결합각을 가지는 것은?

① BF_3
② NH_3
③ H_2
④ $BeCl_2$

풀이

① BF_3 : 120°
② NH_3 : 107°
③ H_2 : 180°
④ $BeCl_2$: 180°

15 염(salt)을 만드는 화학반응식이 아닌 것은?

① $HCl + NaOH \rightarrow NaCl + H_2O$
② $2NH_4OH + H_2SO_4 \rightarrow (NH_4)_2SO_4 + 2H_2O$
③ $CuO + H_2 \rightarrow Cu + H_2O$
④ $H_2SO_4 + Ca(OH)_2 \rightarrow CaSO_4 + 2H_2O$

풀이

염은 이온결합화합물로 염을 형성하는 반응은 산과 염기의 반응이다.
③의 반응은 산화 – 환원 반응이다.

16 NH_4Cl에서 배위결합을 하고 있는 부분을 옳게 설명한 것은?

① NH_3의 N－H 결합
② NH_3와 H^+과의 결합
③ NH_4^+과 Cl^-과의 결합
④ H^+과 Cl^-과의 결합

17 다음 중 비공유 전자쌍을 가장 많이 가지고 있는 것은?

① CH_4
② NH_3
③ H_2O
④ CO_2

풀이

① CH_4 : 0개
② NH_3 : 1개
③ H_2O : 2개
④ CO_2 : 4개

18 이온결합물질의 일반적인 성질에 관한 설명 중 틀린 것은?

① 녹는점이 비교적 높다.
② 단단하며 부스러지기 쉽다.
③ 고체와 액체 상태에서 모두 도체이다.
④ 물과 같은 극성용매에 용해되기 쉽다.

풀이

고체에서는 전기전도성이 없으나 액체와 수용액에서 전기전도성이 있다.

19 원자가 껍질 전자쌍 반발(VSEPR) 이론으로 예측한 분자의 결합각으로 옳지 않은 것은?

2024년 지방직9급

① BF_3의 F−B−F 결합각은 120°이다.
② H_2S의 H−S−H 결합각은 180°이다.
③ CH_4의 H−C−H 결합각은 109.5°이다.
④ H_2O의 H−O−H 결합각은 104.5°이다.

풀이

H_2S의 중심원자인 S에 비공유전자쌍이 2쌍 존재하여 굽은형의 구조로 H−S−H 결합각은 180°가 될 수 없다.
H−S−H 결합각은 전기음성도와 전자의 반발력으로 인해 약 90°이다.

정답 14 ② 15 ③ 16 ② 17 ④ 18 ③ 19 ②

20 분자 간 인력에 대한 설명으로 옳은 것만을 모두 고르면?

2024년 지방직9급

> ㄱ. 분산력은 극성 분자와 무극성 분자 모두에서 발견된다.
> ㄴ. 분자식이 C_4H_{10}인 구조 이성질체의 끓는점은 서로 다르다.
> ㄷ. HBr 분자 간 인력의 세기는 Br_2 분자 간 인력의 세기와 같다.

① ㄱ
② ㄴ
③ ㄱ, ㄴ
④ ㄱ, ㄷ

풀이

HBr 분자 간 인력의 세기는 Br_2 분자 간 인력의 세기와 다르다.
Br_2는 무극성공유결합에 의한 무극성분자이며 HBr은 극성공유결합에 의한 극성분자이다. 일반적으로 무극성분자의 결합력인 극성분자의 결합력보다 작다.

21 다음 분자를 쌍극자 모멘트의 세기가 큰 것부터 순서대로 바르게 나열한 것은?

2024년 지방직9급

> BF_3, H_2S, H_2O

① H_2O, H_2S, BF_3
② H_2S, H_2O, BF_3
③ BF_3, H_2O, H_2S
④ H_2O, BF_3, H_2S

풀이

쌍극자 모멘트의 세기가 클수록 극성이 큰 분자이고 전기음성도의 차이가 클수록 쌍극자 모멘트의 세기는 커진다.
전기음성도가 O > S이므로 쌍극자 모멘트의 세기는 $H_2O > H_2S$가 된다.
BF_3는 무극성분자로 쌍극자 모멘트가 "0" 이다.

22 끓는점이 $Cl_2 < Br_2 < I_2$의 순서로 높아지는 이유는?

2023년 지방직9급

① 분자량이 증가하기 때문이다.
② 분자 내 결합 거리가 감소하기 때문이다.
③ 분자 내 결합 극성이 증가하기 때문이다.
④ 분자 내 결합 세기가 증가하기 때문이다.

풀이

무극성 분자의 분자량이 클수록 편극이 생성되기 쉽다. → 분자량이 큰 분자일수록 분산력이 크고, 끓는점이 높아진다.
무극성인 할로젠의 이원자 분자와 비활성 기체는 분자량이 클수록 끓는점이 높다. → 분자량이 클수록 분산력이 커진다.

23 다음 분자에 대한 설명으로 옳지 않은 것은?

2023년 지방직9급

① SO_2는 굽은형 구조를 갖는 극성 분자이다.
② BeF_2는 선형 구조를 갖는 비극성 분자이다.
③ CH_2Cl_2는 사각 평면 구조를 갖는 극성 분자이다.
④ CCl_4는 정사면체 구조를 갖는 비극성 분자이다.

풀이

CH_2Cl_2는 사면체의 입체 구조를 갖는 극성 분자이다.

24 다음 중 극성 분자에 해당하는 것은?

2022년 지방직9급

① CO_2
② BF_3
③ PCl_5
④ CH_3Cl

풀이

Cl의 전기음성도가 매우 크므로 쌍극자 모멘트의 합이 0이 아니다. 따라서 CH_3Cl은 극성 분자이다.

25 화학 결합과 분자 간 힘에 대한 설명으로 옳은 것은?

2022년 지방직9급

① 메테인(CH_4)은 공유 결합으로 이루어진 극성 물질이다.
② 이온결합물질은 상온에서 항상 액체 상태이다.
③ 이온결합물질은 액체 상태에서 전류가 흐르지 않는다.
④ 비극성 분자 사이에는 분산력이 작용한다.

풀이

바르게 고쳐보면
① 메테인(CH_4)은 공유 결합으로 이루어진 무극성 물질이다.
② 이온결합물질은 녹는점과 끓는점이 비교적 높아 상온에서 고체 상태이다.
③ 이온결합물질은 고체 상태에서 전류가 흐르지 않으나 액체나 수용액상태에서는 전류가 흐른다.

정답 20 ③ 21 ① 22 ① 23 ③ 24 ④ 25 ④

26 **다음 화합물 중 무극성 분자를 모두 고른 것은?** 2021년 지방직9급

SO_2, CCl_4, HCl, SF_6

① SO_2, CCl_4

② SO_2, HCl

③ HCl, SF_6

④ CCl_4, SF_6

풀이

• 극성 분자 : 분자 내에 전하의 분포가 고르지 않아서 부분 전하를 갖는 분자이다.

• 무극성 분자 : 분자 내에 전하가 고르게 분포되어 있어서 부분 전하를 갖지 않는 분자(쌍극자모멘트의 합이 "0")이다.

SO_2 : 극성(굽은형)

CCl_4 : 무극성(정사면체형)

HCl : 극성(직선형)

SF_6 : 무극성(팔면체형)

27 **1기압에서 녹는점이 가장 높은 이온결합화합물은?** 2021년 지방직9급

① NaF ② KCl

③ NaCl ④ MgO

풀이

이온결합력이 클수록 녹는점과 끓는점이 높아지며 이온결합화합물의 결합력은 이온전하량이 클수록 강하다.

28 **루이스 구조와 원자가 껍질 전자쌍 반발 모형에 근거한 ICl_4^- 이온에 대한 설명으로 옳지 않은 것은?** 2021년 지방직9급

① 무극성 화합물이다.

② 중심 원자의 형식 전하는 −1이다.

③ 가장 안정한 기하 구조는 사각 평면형 구조이다.

④ 모든 원자가 팔전자 규칙을 만족한다.

풀이

ICl_4^-은 중심원자 주변에 8개를 초과하는 전자를 갖게 되며 이러한 이온을 '초원자가'라고 한다.

예 PF_5, XeF_4, SF_4, AsF_6^-, ICl_4^- 등

결합영역 4, 비결합영역 2의 평면사각형의 구조를 갖는 팔면체의 형태를 갖는다.

29 원자 간 결합이 다중 공유결합으로 이루어진 물질은?

2020년 지방직9급

① KBr ② Cl_2

③ NH_3 ④ O_2

30 결합의 극성 크기 비교로 옳은 것은? (단, 전기 음성도 값은 H = 2.1, C = 2.5, O = 3.5, F = 4.0, Si = 1.8, Cl = 3.0이다.)

2019년 지방직9급

① C－O > Si－O

② O－F > O－Cl

③ C－H > Si－H

④ C－F > Si－F

풀이

서로 다른 원소가 결합을 형성하여 분자를 이룬 상태에서 전자쌍을 전기음성도가 큰 원소 쪽으로 치우친다. 따라서 전기음성도가 큰 원소는 부분 음전하를 띠고, 전기음성도가 작은 원소는 부분 양전하를 띠게 된다. 전기음성도의 차이가 클수록 극성의 크기가 커진다.

① C－O > Si－O → 2.5－3.5 < 1.8－3.5

② O－F > O－Cl → 3.5－4.0 = 3.5－3.0

③ C－H > Si－H → 2.5－2.1 > 1.8－2.1

④ C－F > Si－F → 2.5－4.0 < 1.8－4.0

31 다음 설명 중 옳지 않은 것은?

2019년 지방직9급

① CH_4는 사면체 분자이며 C의 혼성오비탈은 sp^3이다.

② NH_3는 삼각뿔형 분자이며 N의 혼성오비탈은 sp^3이다.

③ XeF_2는 선형 분자이며 Xe의 혼성오비탈은 sp이다.

④ CO_2는 선형 분자이며 C의 혼성오비탈은 sp이다.

풀이

바르게 고쳐보면,

XeF_2는 선형 분자이며 비공유전자쌍 3쌍과 주위 전자 2쌍이 있어 Xe의 혼성오비탈은 sp^3d이다.

정답 26 ④ 27 ④ 28 ④ 29 ④ 30 ③ 31 ③

32 구조 (가)~(다)는 결정성 고체의 단위 세포를 나타낸 것이다. 이에 대한 설명으로 옳은 것만을 모두 고르면?

2019년 지방직9급

Cu (가)　　C (나)　　NaCl (다)

> ㄱ. 전기 전도성은 (가)가 (나)보다 크다.
> ㄴ. (나)의 탄소 원자 사이의 결합각은 CH_4의 H−C−H 결합각과 같다.
> ㄷ. (나)와 (다)의 단위 세포에 포함된 C와 Na^+의 개수 비는 1 : 2이다.

① ㄱ　　② ㄷ
③ ㄱ, ㄴ　　④ ㄱ, ㄴ, ㄷ

풀 이

(가)는 구리결정구조로 면심입방구조를 가지며 열전도성과 전기전도성이 크다.
(나)는 탄소의 그물형 구조인 다이아몬드로 정사면체로 배열되어 메탄과 같은 109.5°의 결합각을 가지며 밀도가 크고 전기전도성이 없다.
(다) NaCl은 1개의 Na^+은 가장 가까운 6개의 Cl^-에 둘러쌓여 있고 1개의 Cl^-도 가장 가까운 6개의 Na^+에 둘러싸여 있으며 Na^+와 Cl^-은 각각 정육면체의 꼭짓점과 각 면의 중심에 위치하고 있다.
단위세포속의 입자수 = 체심 원자 수 + 면심원자수/2 + 모서리원자수/4 + 꼭지점원자수/8 = 1 + 12/4 = 4
다이아몬드 격자의 단위 세포는 면심입방격자 내부의 정사면체 중심 위치에 4개의 탄소 원자가 놓여 있다. 따라서 다이아몬드의 단위 세포에는 8개의 원자가 포함되어 있다.
단위세포속의 입자수 = 체심 원자 수 + 면심원자수/2 + 모서리원자수/4 + 꼭지점원자수/8 = 4 + 6/2 + 8/8 = 8
(나)와 (다)의 단위 세포에 포함된 C와 Na^+의 개수 비는 2 : 1이다.

33 다음 중 분자 간 힘에 대한 설명으로 옳은 것만을 모두 고르면?

2018년 지방직9급

ㄱ. NH_3의 끓는점이 PH_3의 끓는점보다 높은 이유는 분산력으로 설명할 수 있다.
ㄴ. H_2S의 끓는점이 H_2의 끓는점보다 높은 이유는 쌍극자-쌍극자 힘으로 설명할 수 있다.
ㄷ. HF의 끓는점이 HCl의 끓는점보다 높은 이유는 수소결합으로 설명할 수 있다.

① ㄱ ② ㄴ ③ ㄱ, ㄷ ④ ㄴ, ㄷ

풀이

NH_3의 끓는점이 PH_3의 끓는점보다 높은 이유는 수소결합으로 설명할 수 있다.

34 분자 내 원자들 간의 결합 차수가 가장 높은 것을 포함하는 화합물은?

2018년 지방직9급

① CO_2 ② N_2 ③ H_2O ④ C_2H_4

풀이

① CO_2 : 이중결합
② N_2 : 삼중결합
③ H_2O : 단일결합
④ C_2H_4 : 이중결합

35 물리량들의 크기에 대한 설명으로 옳은 것은?

2018년 지방직9급

① 산소(O_2) 내 산소 원자 간의 결합 거리 > 오존(O_3) 내 산소 원자 간의 평균 결합 거리
② 산소(O_2) 내 산소 원자 간의 결합 거리 > 산소 양이온(O_2^+) 내 산소 원자 간의 결합 거리
③ 산소(O_2) 내 산소 원자 간의 결합 거리 > 산소 음이온(O_2^-) 내 산소 원자 간의 결합 거리
④ 산소(O_2)의 첫 번째 이온화 에너지 > 산소 원자(O)의 첫 번째 이온화 에너지

풀이

① 산소(O_2) 내 산소 원자 간의 결합 거리 < 오존(O_3) 내 산소 원자 간의 평균 결합 거리
산소는 이중결합이며 오존은 공명구조로 산소의 결합길이가 더 짧다.
③ 산소(O_2) 내 산소 원자 간의 결합 거리 < 산소 음이온(O_2^-) 내 산소 원자 간의 결합 거리
O_2^+(2.5중결합) > O_2(2중결합) > O_2^-(1.5중결합) > O_2^{2-}(단일결합)
④ 산소(O_2)의 첫 번째 이온화 에너지 < 산소 원자(O)의 첫 번째 이온화 에너지
산소분자의 반결합성 오비탈의 전자를 떼어내기가 산소원자의 전자를 떼어내기보다 쉬워 산소분자의 첫 번째 이온화 에너지가 더 작다.

정답 32 ③ 33 ④ 34 ② 35 ②

36 이온 결합과 공유 결합에 대한 설명으로 옳지 않은 것은?

2017년 지방직9급

① 격자 에너지는 이온 화합물이 생성되는 여러 단계의 에너지를 서로 곱하여 계산한다.
② 이온의 공간 배열이 같을 때, 격자 에너지는 이온 반지름이 감소할수록 증가한다.
③ 공유 결합의 세기는 결합 엔탈피로부터 측정할 수 있다.
④ 공유 결합에서 두 원자 간 결합수가 증가함에 따라 두 원자간 평균 결합 길이는 감소한다.

풀이

격자 에너지는 이온성결합에서의 결합세기와 관련이 있으며 이온 화합물이 생성되는 여러 단계의 에너지를 서로 합하여 계산한다.

이온결합력

- 정전기적 인력의 세기는 이온사이의 거리가 짧고 이온의 전하량이 클수록 크다.
- 양이온과 음이온의 전하량 크기가 같은 경우 정전기적 인력의 세기는 이온 간 거리가 짧을수록 녹는점이 높다.
  - 이온 사이의 거리: NaF < NaCl < NaBr → 녹는점: NaF > NaCl > NaBr
  - 이온 사이의 거리: MgO < CaO < SrO → 녹는점: MgO > CaO > SrO
- 이온 사이의 거리가 비슷한 경우 정전기적 인력의 세기는 이온의 전하량이 클수록 녹는점이 높다.
  - 이온의 전하량: NaF < CaO → 녹는점: NaF < CaO
- 정전기적 인력의 세기가 클수록 녹는점과 끓는점은 높다.

$F = k\frac{q_1 q_2}{r^2}$ (q_1, q_2: 두 입자의 전하량, r: 두 입자 사이의 거리)

37 메테인(CH_4)과 에텐(C_2H_4)에 대한 설명으로 옳은 것은?

2017년 지방직9급

① ∠H−C−H의 결합각은 메테인이 에텐보다 크다.
② 메테인의 탄소는 sp^2혼성을 한다.
③ 메테인 분자는 극성 분자이다.
④ 에텐은 Br_2와 첨가 반응을 할 수 있다.

풀이

① ∠H−C−H의 결합각은 메테인(109.5°)이 에텐(120°)보다 작다.
② 메테인의 탄소는 sp^3혼성을 한다.
③ 메테인 분자는 무극성 분자이다.

CH_4(메테인)	C_2H_4(에텐)
사면체형	평면삼각형
sp^3 혼성 오비탈	sp^2 혼성 오비탈
결합각 109.5°	결합각 120°
치환반응을 잘한다.	첨가반응을 잘한다.(브롬수 탈색반응)
무극성 분자	무극성 분자

38 다음 중 분자 구조가 나머지와 다른 것은? 2016년 지방직9급

① $BeCl_2$

② CO_2

③ XeF_2

④ SO_2

풀이

$BeCl_2$, CO_2, XeF_2 : 선형

SO_2 : 굽은형

39 다음은 화합물 AB의 전자 배치를 모형으로 나타낸 것이다. 이에 대한 설명으로 옳은 것은? (단, A, B는 각각 임의의 금속, 비금속 원소이다.) 2016년 지방직9급

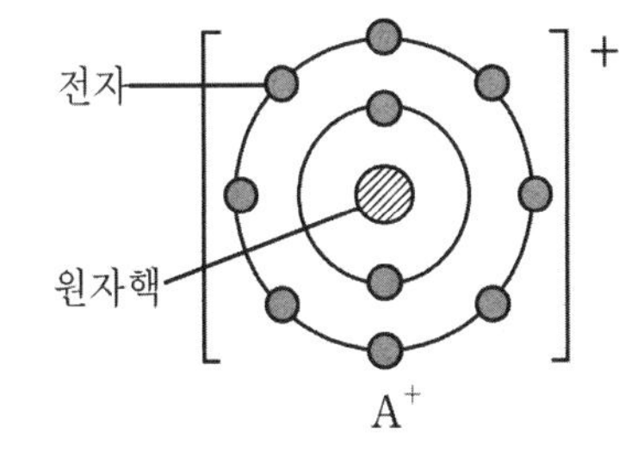

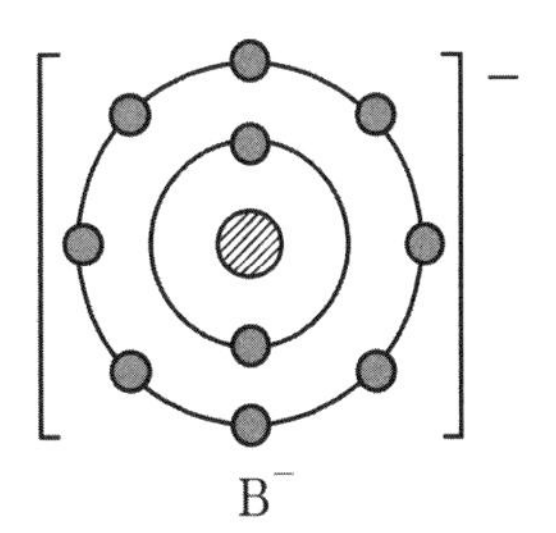

① 화합물 AB의 몰 질량은 20g/mol이다.

② 원자 A의 원자가 전자는 1개이다.

③ B_2는 이중결합을 갖는다.

④ 원자 반지름은 B가 A보다 더 크다.

풀이

A : $_{11}Na$

B : $_{9}F$

① 화합물 AB의 몰 질량은 23 + 19 = 42g/mol이다.

③ B_2는 단일결합을 갖는다.

④ 원자 반지름은 A가 B보다 더 크다.

정답 36 ① 37 ④ 38 ④ 39 ②

40

A~C는 각각 H_2O, H_2S, F_2 중 하나이고, H_2O, H_2S, F_2의 화학식량은 각각 18, 34, 38이다. 끓는점은 C > B > A라고 할 때 이에 대한 설명으로 옳은 것만을 〈보기〉에서 있는 대로 고른 것은?

보기

ㄱ. 화학식량은 A > B이다.
ㄴ. B(l) 분자 사이에 쌍극자 · 쌍극자 힘이 존재한다.
ㄷ. C가 B보다 기준 끓는점이 높은 주된 이유는 C(l) 분자 사이에 수소결합이 존재하기 때문이다.

① ㄱ
② ㄷ
③ ㄱ, ㄴ
④ ㄱ, ㄴ, ㄷ

풀 이

H_2O는 수소결합으로 가장 끓는점이 높다.
H_2S는 극성분자이고 F_2는 무극성분자이다. 비슷한 분자량을 갖는 경우 끓는점은 극성분자 > 무극성분자이다.
A : F_2, B : H_2S, C : H_2O가 된다.

41

다음 3가지 물질에 대한 설명으로 옳은 것만을 〈보기〉에서 있는 대로 고른 것은?

구리(Cu) 염화 나트륨(NaCl) 다이아몬드(C)

보기

ㄱ. Cu(s)는 연성(뽑힘성)이 있다.
ㄴ. NaCl(l)은 전기 전도성이 있다.
ㄷ. C(s, 다이아몬드)를 구성하는 원자는 공유 결합을 하고 있다.

① ㄱ
② ㄷ
③ ㄱ, ㄴ
④ ㄱ, ㄴ, ㄷ

풀 이

Cu(s)-금속결합 : 자유전자로 인해 연성(뽑힘성)과 전성(펴짐성)이 있다.
NaCl(l)-이온결합 : 고체상태에서는 전기전도성이 없지만 액체와 수용액 상태에서는 전기전도성이 있다.
C(s, 다이아몬드)-공유결합 : 비금속원소로 이루어진 물질로 공유결합을 하고 있다.

42 그림은 화합물 WX와 WYZ를 화학 결합 모형으로 나타낸 것이다.

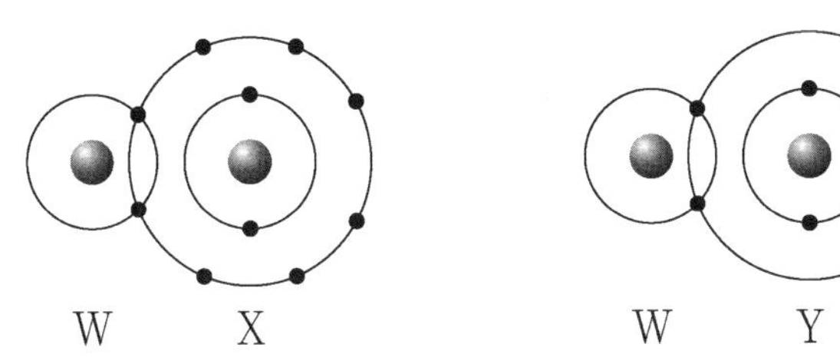

이에 대한 설명으로 옳은 것만을 〈보기〉에서 있는 대로 고른 것은? (단, W~Z는 임의의 원소 기호이다.)

보기
ㄱ. WX에서 W는 부분적인 양전하(δ^+)를 띤다.
ㄴ. 전기 음성도는 Z > Y이다.
ㄷ. YW_4에는 극성공유결합이 있다.

① ㄱ
② ㄷ
③ ㄱ, ㄴ
④ ㄱ, ㄴ, ㄷ

풀이

W: H(수소), X: F(플루오린), Y: C(탄소), Z: N(질소)
ㄱ. WX(HF)에서 W(H)는 전기음성도가 X(F)보다 작아 부분적인 양전하(δ^+)를 띤다.
ㄴ. 전기 음성도는 Z(N) > Y(C)이다.
ㄷ. YW_4(CH_4)는 C−H간의 극성공유결합을 이루며 분자의 극성은 무극성이다.

정답 40 ④ 41 ④ 42 ④

43 다음 분자에 대한 설명으로 옳은 것만을 〈보기〉에서 있는 대로 고른 것은?

H_2O, CO_2, HCN

보기

ㄱ. 중심 원자에 비공유 전자쌍이 존재하는 분자는 2가지이다.
ㄴ. 분자 모양이 직선형인 분자는 2가지이다.
ㄷ. 극성 분자는 1가지이다.

① ㄱ
② ㄴ
③ ㄱ, ㄷ
④ ㄱ, ㄴ, ㄷ

풀 이

ㄱ. 중심 원자에 비공유 전자쌍이 존재하는 분자: H_2O
ㄴ. 분자 모양이 직선형인 분자: CO_2, HCN
ㄷ. 극성 분자: H_2O, HCN

44 표는 금속 A와 B의 결정에 대한 자료이다.

금속	결정 구조	단위 세포의 밀도(상댓값)	단위 세포의 부피(상댓값)
A	체심 입방 구조	3	5
B	면심 입방 구조	4	7

[A의 원자량]/[B의 원자량]은?

① 15/28

② 14/15

③ 20/21

④ 15/14

풀 이

체심 입방 구조의 단위세포 원자 수: $\frac{1}{8}\times8+1=2$

면심 입방 구조의 단위세포 원자 수: $\frac{1}{8}\times8+\frac{1}{2}\times6=4$

밀도 = 질량/부피
단위 세포 내의 질량 = 원자량 × 단위 세포 내 원자 수
A의 원자량: a, B의 원자량: b라 하면

A의 단위세포 밀도 : B의 단위세포 밀도 $=3:4=\frac{2a}{5}:\frac{4b}{7}$

$\therefore \frac{a\text{의 원자량}}{b\text{의 원자량}}=\frac{a}{b}=\frac{15}{14}$

정답 43 ② 44 ④

이찬범 화학

단원별 기출문제집

탄소화합물의 구조와 특징

탄소화합물의 구조와 특징

01 포화 탄화수소에 해당하는 것은?

① 톨루엔
② 에틸렌
③ 프로판
④ 아세틸렌

풀이

포화: 단일결합으로 이루어져 있다.
탄화수소: 탄소와 수소로 구성되어 있다.
① 톨루엔($C_6H_5CH_3$): 1.5중결합, 불포화 탄화수소
② 에틸렌: (C_2H_4) 2중결합, 불포화 탄화수소
③ 프로판(C_3H_8): 단일결합, 포화 탄화수소
④ 아세틸렌(C_2H_2): 3중결합, 불포화 탄화수소

02 메탄에 직접 염소를 작용시켜 클로로포름을 만드는 반응을 무엇이라 하는가?

① 환원반응
② 부가반응
③ 치환반응
④ 탈수소반응

03 다음 물질 중 벤젠 고리를 함유하고 있는 것은?

① 아세틸렌
② 아세톤
③ 메탄
④ 아닐린

풀이

① 아세틸렌: C_2H_2
② 아세톤: CH_3COCH_3
③ 메탄: CH_4
④ 아닐린: $C_6H_5NH_2$

04 분자식이 같으면서도 구조가 다른 유기화합물을 무엇이라고 하는가?

① 이성질체
② 동소체
③ 동위원소
④ 방향족화합물

05 2차 알코올을 산화시켜서 얻어지며, 환원성이 없는 물질은?

① CH_3COCH_3
② $C_2H_5OC_2H_5$
③ CH_3OH
④ CH_3OCH_3

풀이
1차 알코올 산화 : 1차 알코올 → 알데하이드 → 카르복실산
2차 알코올 산화 : 2차 알코올 → 케톤
3차 알코올 : 산화되지 않음
① CH_3COCH_3 : 디메틸케톤
② $C_2H_5OC_2H_5$: 디에틸에테르
③ CH_3OH : 메틸알코올
④ CH_3OCH_3 : 디메틸에테르

06 2차 알코올이 산화되면 무엇이 되는가?

① 알데하이드
② 에테르
③ 카르복실산
④ 케톤

풀이
1차 알코올 산화 : 1차 알코올 → 알데하이드 → 카르복실산
2차 알코올 산화 : 2차 알코올 → 케톤
3차 알코올 : 산화되지 않음

정답 01 ③ 02 ③ 03 ④ 04 ① 05 ① 06 ④

07 다음 화합물 중 질소를 포함한 것은?

① 디에틸에테르
② 이황화탄소
③ 아세트알데히드
④ 나일론

풀이

① 디에틸에테르 : $C_2H_5OC_2H_5$
② 이황화탄소 : CS_2
③ 아세트알데하이드 : CH_3CHO
④ 나일론 : 아마이드결합(−CONH−)이 포함

08 다음 화합물들 가운데 기하학적 이성질체를 가지고 있는 것은?

① $CH_2 = CH_2$
② $CH_3 - CH_2 - CH_2 - OH$
③ $(CH_3)_2C = C(CH_3)_2$
④ $CH_3 - CH = CH - CH_3$

풀이

기하이성질체

뷰텐($CH_3CHCHCH_3$)는 cis와 trans형의 기하이성질체가 존재한다.

09 다음 물질 중 C_2H_2와 첨가반응이 일어나지 않는 것은?

① 염소
② 수은
③ 브롬
④ 요오드

풀이

C_2H_2의 3중결합을 끊고 끊어진 공유결합의 전자를 가져와 첨가반응이 일어난다. 수은은 전자를 잃고 양이온(Hg^{2+})이 되려는 성질이 강하기 때문에 첨가반응이 일어나지 않는다.

10 포화 탄화수소에 해당하는 것은?

① 톨루엔
② 에틸렌
③ 프로판
④ 아세틸렌

풀 이

포화 탄화수소는 단일결합으로 이루어져 있다.
① 톨루엔 : 1.5중결합
② 에틸렌 : 2중결합
④ 아세틸렌 : 3중결합

11 다음 중 카르보닐기를 갖는 화합물은?

① $C_6H_5CH_3$
② $C_6H_5NH_2$
③ CH_3OCH_3
④ CH_3COCH_3

풀 이

카르보닐기 : −C = O−의 결합

12 기하이성질체때문에 극성 분자와 비극성 분자를 가질 수 있는 것은?

① C_2H_4
② C_2H_3Cl
③ $C_2H_2Cl_2$
④ C_2HCl_3

풀 이

디클로로에텐($C_2H_2Cl_2$)은 cis형과 trans형의 기하이성질체가 존재한다(cis형 : 극성, trans형 : 비극성).

정답 07 ④ 08 ④ 09 ② 10 ③ 11 ④ 12 ③

13 탄소수가 5개인 포화 탄화수소 C_5H_{12}(펜탄)의 구조이성질체 수는 몇 개인가?

① 2개 ② 3개
③ 4개 ④ 5개

14 다음 중 기하이성질체가 존재하는 것은?

① C_5H_{12} ② $CH_3CH = CHCH_3$
③ C_3H_7Cl ④ $CH \equiv CH$

풀이

부텐($CH_3CH = CHCH_3$)에는 Cis(시스형), Trans(트랜스형)의 두 가지의 기하이성질체가 존재한다.

15 다음 물질 중 동소체의 관계가 아닌 것은?

① 흑연과 다이아몬드 ② 산소와 오존
③ 수소와 중수소 ④ 황린과 적린

풀이

수소와 중수소는 동위원소이다.
동소체: 같은 종류의 원소로 이루어져 있으나 원자 배열이 달라 물리적·화학적 성질이 다른 홑원소 물질을 의미한다.
동위원소: 양성자수는 같아 원자번호는 같으나 중성자수가 달라 다른 원소

16 헥산(C_6H_{14})의 구조이성질체의 수는 몇 개인가?

① 3개 ② 4개
③ 5개 ④ 9개

17 디에틸에테르는 에탄올과 진한 황산의 혼합물을 가열하여 제조할 수 있는데 이것을 무슨 반응이라고 하는가?

① 중합반응 ② 축합반응
③ 산화반응 ④ 에스테르화반응

풀이

축합중합반응

- 단위체의 작용기가 결합하면서 H_2O과 같은 간단한 분자가 빠져 나가면서 중합체가 이루어지는 반응을 의미한다.
- 축합중합반응을 하는 단위체에는 보통 $-COOH$, $-NH_2$, $-OH$ 등 반응성이 큰 작용기를 가지고 있다.

$$2C_2H_5OH \xrightarrow{\text{진한 } H_2SO_4} C_2H_5OC_2H_5 + H_2O$$

(에탄올) (디에틸에테르)

18 다음 구조식에 대한 설명으로 옳은 것은? (단, x는 전하수이다)

2024년 지방직9급

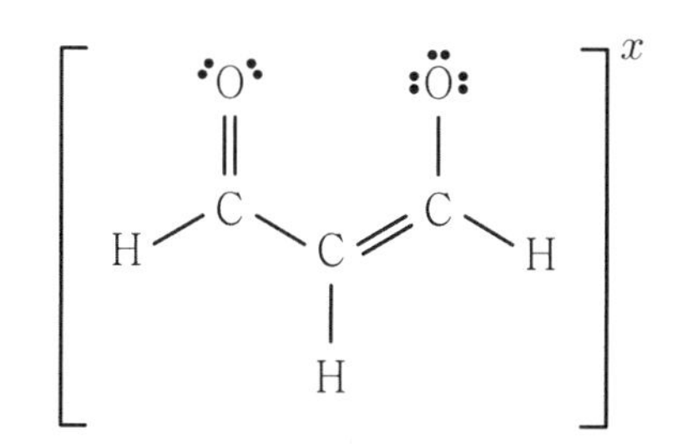

① x = −1인 음이온이다.

② 파이(π) 결합은 4개이다.

③ 공명 구조를 갖지 않는다.

④ sp^2 혼성 오비탈을 갖는 탄소는 2개이다.

풀이

주어진 구조식은 아크릴레이트이다.

① 오른쪽 산소원자가 전자 1개를 받아 들여 x = −1인 음이온이다.
  또한 형식전하를 계산해보면 오른쪽 산소원자가 −1임을 알 수 있다.
  형식전하 = 원자가 전자수 − 비결합 전자수 − (결합전자수/2)
  C = 4 − 0 − 1/2 × 8 = 0
  O(오른쪽) = 6 − 6 − 1/2 × 2 = −1
  O(왼쪽) = 6 − 4 − 1/2 × 4 = 0

② 이중결합이 2개 이므로 파이(π) 결합은 2개이다.
  단일결합 : 시그마(δ) 결합 1개
  이중결합 : 시그마(δ) 결합 1개 + 파이(π) 결합 1개
  삼중결합 : 시그마(δ) 결합 1개 + 파이(π) 결합 2

③ 공명 구조를 갖는다.

④ sp^2 혼성 오비탈을 갖는 탄소는 3개이다.

정답 13 ② 14 ② 15 ③ 16 ③ 17 ② 18 ①

19 다음 분자에 대한 설명으로 옳지 않은 것은?

2023년 지방직9급

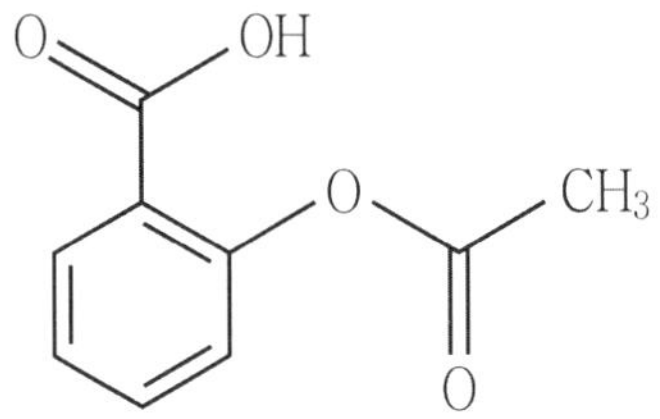

① 카복실산 작용기를 가지고 있다.
② 에스터화 반응을 통해 합성할 수 있다.
③ 모든 산소 원자는 같은 평면에 존재한다.
④ sp^2 혼성을 갖는 산소 원자의 개수는 2이다.

풀이

산소원자는 sp^3(사면체)와 sp^2(평면삼각형) 혼성을 가지고 있어 같은 평면에 존재하지 않는다.

20 다음 알렌(allene) 분자에 대한 설명으로 옳은 것만을 모두 고르면?

2023년 지방직9급

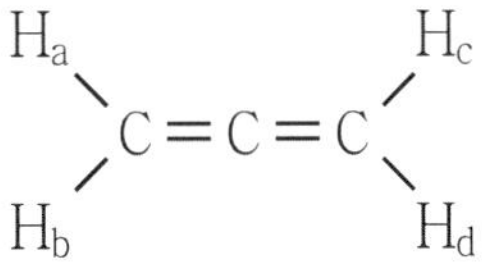

ㄱ. Ha와 Hb는 같은 평면 위에 있다.
ㄴ. Ha와 Hc는 같은 평면 위에 있다.
ㄷ. 모든 탄소는 같은 평면 위에 있다.
ㄹ. 모든 탄소는 같은 혼성화 오비탈을 가지고 있다.

① ㄱ, ㄴ
② ㄱ, ㄷ
③ ㄴ, ㄹ
④ ㄷ, ㄹ

풀이

ㄴ. Ha와 Hc는 다른 평면 위에 있다.
ㄹ. 가운데 탄소는 sp, 양쪽 탄소는 sp^2 혼성화 오비탈을 가지고 있다.

21 다음 분자에 대한 설명으로 옳지 않은 것은?

2022년 지방직9급

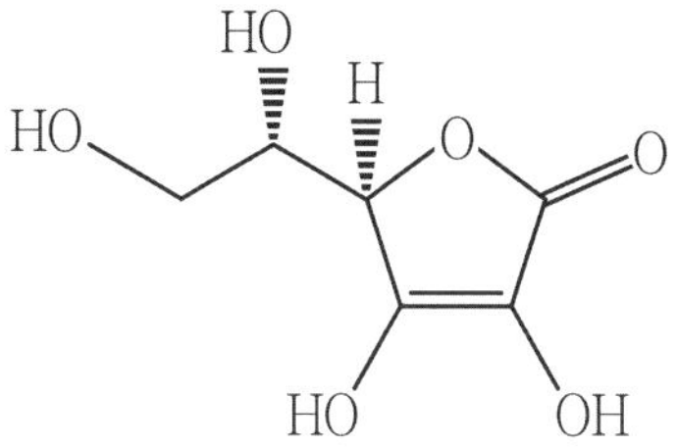

HO, H, HO, O, O, HO, OH

① 이중 결합의 개수는 2이다.
② sp^3 혼성을 갖는 탄소 원자의 개수는 3이다.
③ 산소 원자는 모두 sp^3 혼성을 갖는다.
④ 카이랄 중심인 탄소 원자의 개수는 2이다.

풀이

바르게 고쳐보면
산소 원자는 sp^2, sp^3 혼성을 갖는다.

22 다음 분자쌍 중 성질이 다른 이성질체 관계에 있는 것은?

2021년 지방직9급

ㄱ. F, F
ㄴ. F, CH_3, F, CH_3
ㄷ. H, F, Ph, H / H, H, Ph, F
ㄹ. F, CH_3, F, CH_3

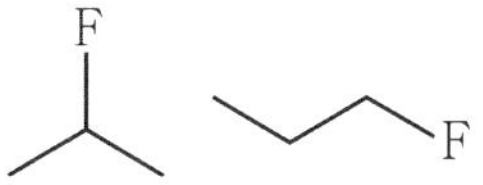

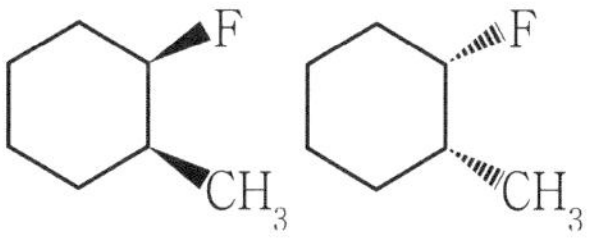

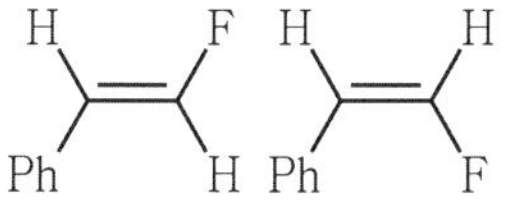

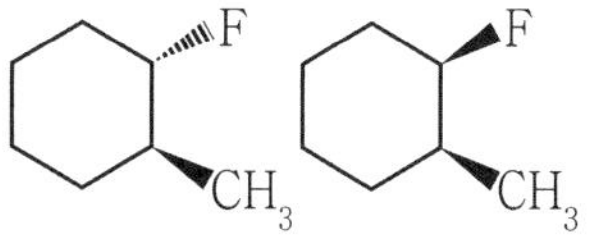

① ㄱ
② ㄴ
③ ㄷ
④ ㄹ

풀이

ㄱ은 구조 이성질체이고 나머지는 입체 이성질체이다.

정답 19 ③ 20 ② 21 ③ 22 ①

23 아세트알데하이드(acetaldehyde)에 있는 두 탄소(ⓐ와 ⓑ)의 혼성 오비탈을 옳게 짝 지은 것은?

2020년 지방직9급

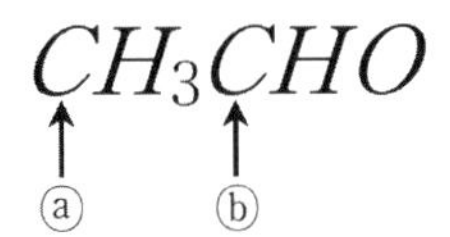

	ⓐ	ⓑ
①	sp^3	sp^2
②	sp2	sp^2
③	sp^3	sp
④	sp^3	sp^3

24 고분자(중합체)에 대한 설명으로 옳은 것만을 모두 고르면?

2019년 지방직9급

> ㄱ. 폴리에틸렌은 에틸렌 단위체의 첨가 중합 고분자이다.
> ㄴ. 나일론-66은 두 가지 다른 종류의 단위체가 축합 중합된 고분자이다.
> ㄷ. 표면 처리제로 사용되는 테플론은 C-F 결합 특성 때문에 화학약품에 약하다.

① ㄱ
② ㄱ, ㄴ
③ ㄴ, ㄷ
④ ㄱ, ㄴ, ㄷ

풀 이

폴리테트라플루오로에틸렌(Polytetrafluoroethylene, PTFE)는 많은 작은 분자(단위체)들을 사슬이나 그물 형태로 화학결합시켜 만드는 커다란 분자로 이루어진, 유기 중합체 계열에 속하는 비가연성 불소수지이다. 열에 강하고, 마찰 계수가 극히 낮으며, 내화학성이 좋다.
첨가중합반응 : 단위체의 이중결합이 끊어지면서 이루어지는 첨가반응에 의해 형성되는 중합반응을 의미한다.

25 다음 알코올 중 산화 반응이 일어날 수 없는 것은?

2017년 지방직9급

①
```
      OH
      |
H — C — CH3
      |
      H
```

②
```
        OH
        |
H3C — C — OH
        |
        H
```

③
```
        OH
        |
H3C — C — CH3
        |
        H
```

④
```
        OH
        |
H3C — C — CH3
        |
        CH3
```

풀 이

3차 알코올은 산화되지 않는다.

알코올

− 알킬기(C_nH_{2n+1})에 '−OH'가 결합한 물질을 알코올이라 한다.

− '−OH'가 결합한 탄소 원자에 결합된 알킬기 수에 따라 1차 알코올, 2차 알코올, 3차 알코올로 분류할 수 있다.

알코올의 산화반응

− 1차 알코올 $\xrightarrow{\text{산화}}$ 알데하이드 $\xrightarrow{\text{산화}}$ 카복실산

− 2차 알코올 $\xrightarrow{\text{산화}}$ 케톤

26 화석 연료는 주로 탄화수소(C_nH_{2n+2})로 이루어지며, 소량의 황, 질소 화합물을 포함하고 있다. 화석 연료를 연소하여 에너지를 얻을 때, 연소 반응의 생성물 중에서 산성비 또는 스모그의 주된 원인이 되는 물질이 아닌 것은?

2017년 지방직9급

① CO_2

② SO_2

③ NO

④ NO_2

정답 23 ① 24 ② 25 ④ 26 ①

27 다음 화합물들에 대한 설명으로 옳은 것은? 2017년 지방직9급

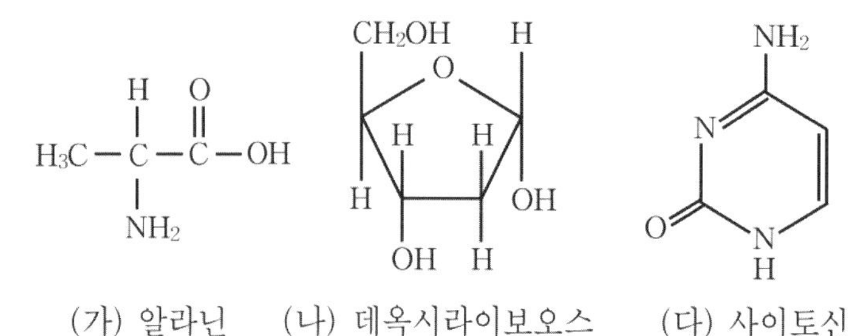

(가) 알라닌 (나) 데옥시라이보오스 (다) 사이토신

① (가)는 뉴클레오타이드를 구성하는 기본 단위이다.
② (가)는 브뢴스테드-로우리 산과 염기로 모두 작용할 수 있다.
③ (나)는 단백질을 구성하는 기본 단위이다.
④ 데옥시라이보핵산(DNA)에서 (다)는 인산과 직접 연결되어 있다.

풀이

① 알라닌(Alanine)은 $HO_2CCH(NH_2)CH_3$의 화학식을 갖는 α-아미노산이다.
아미노산은 뉴클레오타이드를 구성하는 기본 단위가 아니며 뉴클레오타이드는 인산 : 당 : 염기 = 1 : 1 : 1로 결합된 단위이다.
② (가)는 $-COOH$와 $-NH_2$를 가지고 있으므로 브뢴스테드-로우리 산과 염기로 모두 작용할 수 있다.
③ 아미노산은 단백질을 구성하는 기본 단위이다.
④ 사이토신은 핵산인 DNA와 RNA에서 발견되는 5가지 주요 핵염기들 중 하나이며, 나머지는 아데닌(A), 구아닌(G), 티민(T), 유라실(U)이다. 데옥시라이보핵산(DNA)에서 염기는 당과 연결되어 있다.

28 다음 중 탄소화합물은?

① 산화칼슘
② 염화칼륨
③ 암모니아
④ 에탄올

풀이

탄소화합물은 탄소를 기본으로 만들어진 화합물이다.
① 산화칼슘(CaO)
② 염화칼륨(KCl)
③ 암모니아(NH_3)
④ 에탄올(C_2H_5OH)

정답 27 ② 28 ④

물질의
상태와 용액

이찬범 화학
단원별 기출문제집

PART 05

물질의 상태와 용액

01 기체 A 5g은 27℃, 380mmHg에서 부피가 6,000mL이다. 이 기체의 분자량(g/mol)은 약 얼마인가? (단, 이상기체로 가정한다.)

① 24　② 41　③ 64　④ 123

풀이

PV = nRT

(P: 압력, V: 부피, n = mol(= 질량/분자량), R: 0.082L · atm · K^{-1} · mol^{-1}, T: 절대온도)

$$380mmHg \times \frac{1atm}{760mmHg} \times 6L = \frac{5g}{\text{분자량}} \times 0.082 \times (273+27)K$$

∴ 분자량: 41g/mol

02 황산구리 결정 $CuSO_4 \cdot 5H_2O$ 25g을 100g의 물에 녹였을 때 몇 wt% 농도의 황산구리($CuSO_4$) 수용액이 되는가? (단, $CuSO_4$ 분자량은 160이다.)

① 1.28%　② 1.60%　③ 12.8%　④ 16.0%

풀이

$CuSO_4$: 160

$CuSO_4 \cdot 5H_2O$: 250

$$\%\text{농도} = \frac{\text{용질의 질량}(g)}{\text{용액의 질량}(g)} \times 100$$

$$\therefore \%\text{농도} = \frac{25 \times \frac{160}{250}}{25+100} \times 100 = 12.8\%$$

03 pH가 2인 용액은 pH가 4인 용액과 비교하면 수소이온농도가 몇 배인 용액이 되는가?

① 100배　② 2배

③ 10^{-1}배　④ 10^{-2}배

풀이

pH = $-\log[H^+]$이고 $[H+] = 10^{-pH}$이다.

pH 2 → $[H^+] = 10^{-2}M$

pH 4 → $[H^+] = 10^{-4}M$

이므로 100배 차이가 난다.

04 다음 화합물 수용액 농도가 모두 0.5M일 때 끓는점이 가장 높은 것은?

① $C_6H_{12}O_6$(포도당)

② $C_{12}H_{22}O_{11}$(설탕)

③ $CaCl_2$(염화칼슘)

④ NaCl(염화나트륨)

풀 이

비휘발성 용질이 용해된 용액의 끓는점 오름은 몰랄농도에 비례한다.
전해질인 경우 이온화된 이온의 수에 비례하여 끓는점 오름이 커진다.
주어진 조건의 농도는 동일하므로 이온화된 이온의 수가 많을수록 끓는점은 높아진다.
① $C_6H_{12}O_6$(포도당) : 비전해질
② $C_{12}H_{22}O_{11}$(설탕) : 비전해질
③ $CaCl_2$(염화칼슘) : 전해질(Ca^{2+} + $2Cl^-$)로 3개 이온 발생
④ NaCl(염화나트륨) : 전해질(Na^+ + Cl^-)로 2개 이온 발생

05 표준상태에서 기체 A 1L의 무게는 1.964g이다. A의 분자량은?

① 44 ② 16

③ 4 ④ 2

풀 이

PV = nRT
(P : 압력, V : 부피, n = mol(= 질량/분자량), R : 0.082L · atm · K^{-1} · mol^{-1}, T : 절대온도)

$$1atm \times 1L = \frac{1.964g}{분자량} \times 0.082 \times 273K$$

∴ 분자량 : 44g/mol

정 답 01 ② 02 ③ 03 ① 04 ③ 05 ①

06 0.1N $KMnO_4$ 용액 500mL를 만들려면 $KMnO_4$ 몇 g이 필요한가? (단, 원자량은 K : 39, Mn : 55, O : 16이고 5가이다.)

① 15.8g
② 7.9g
③ 1.58g
④ 0.89g

풀이

$$\frac{0.1eq}{L} \times 0.5L \times \frac{(158/8)g}{1eq} = 1.58g$$

07 같은 몰 농도에서 비전해질 용액은 전해질 용액보다 비등점 상승도의 변화추이가 어떠한가?

① 크다.
② 작다.
③ 같다.
④ 전해질 여부와 무관하다.

풀이

비휘발성 용질이 용해된 용액의 끓는점 오름은 몰랄농도에 비례한다.
전해질인 경우 이온화된 이온의 수에 비례하여 끓는점 오름이 커진다.
비전해질은 전해질에 비해 입자의 수가 적어 끓는점 오름의 변화가 작다.

08 C_3H_8 22.0g을 완전연소시켰을 때 필요한 공기의 부피는 약 얼마인가? (단, 0℃, 1기압 기준이며, 공기 중의 산소량은 20%이다.)

① 56L
② 120L
③ 250L
④ 280L

풀이

$C_3H_8 + 5O_2 \rightarrow 3CO_2 + 4H_2O$
44g : 5 × 22.4L = 22g : □L
□ = 56L
∴ 필요한 공기의 부피 = 필요산 산소의 부피 / 0.2 = 56/0.2 = 280L

09 이온결합물질의 일반적인 성질에 관한 설명 중 틀린 것은?

① 녹는점이 비교적 높다.
② 단단하며 부스러지기 쉽다.
③ 고체와 액체 상태에서 모두 도체이다.
④ 물과 같은 극성용매에 용해되기 쉽다.

풀 이

이온결합의 경우 액체와 수용액 상태에서 전기전도성이 있는 도체이고 고체상태에서는 전기전도성이 없는 부도체이다.

10 다음 화합물의 0.1mol 수용액 중에서 가장 약한 산성을 나타내는 것은?

① H_2SO_4
② HCl
③ CH_3COOH
④ HNO_3

풀 이

① H_2SO_4 : 강산
② HCl : 강산
③ CH_3COOH : 약산
④ HNO_3 : 강산

11 미지농도의 염산 용액 100mL를 중화하는데 0.2N NaOH 용액 250mL가 소모되었다. 이 염산의 농도는 몇 N인가?

① 0.05
② 0.2
③ 0.25
④ 0.5

풀 이

NV = N'V'
100 × □ = 250 × 0.2
∴ □ = 0.5N

정답 06 ③ 07 ② 08 ④ 09 ③ 10 ③ 11 ④

12 금속의 특징에 대한 설명 중 틀린 것은?

① 고체 금속은 연성과 전성이 있다.
② 고체상태에서 결정구조를 형성한다.
③ 반도체, 절연체에 비하여 전기전도도가 크다.
④ 상온에서 모두 고체이다.

풀이
금속 중 수은(Hg)의 경우 상온에서 액체이다.

13 25°C의 포화용액 90g 속에 어떤 물질이 30g 녹아 있다. 이 온도에서 이 물질의 용해도는 얼마인가?

① 30 ② 33
③ 50 ④ 63

풀이
용해도: 용매 100g에 녹을 수 있는 용질의 최대량
용질: 30g, 용액: 90g이므로 용매는 60g이다.
용매 100g당 용해되는 용질의 양인 용해도를 구하면
60 : 30 = 100 : □
$\therefore \square = 30 \times \frac{100}{60} = 50$

14 탄산 음료수의 병마개를 열면 거품이 솟아오르는 이유를 가장 올바르게 설명한 것은?

① 수증기가 생성되기 때문이다.
② 이산화탄소가 분해되기 때문이다.
③ 용기 내부압력이 줄어들어 기체의 용해도가 감소하기 때문이다.
④ 온도가 내려가게 되어 기체가 생성물의 반응이 진행되기 때문이다.

15 $[OH^-] = 1 \times 10^{-5}$mol/L인 용액의 pH와 액성으로 옳은 것은?

① pH = 5, 산성 ② pH = 5, 알칼리성
③ pH = 9, 산성 ④ pH = 9, 알칼리성

풀이

pOH = $-\log[OH^-] = -\log[1 \times 10^{-5} mol/L] = 5$
pH = 14 − pOH = 14 − 5 = 9
pH가 9인 용액은 알칼리성이다.

16 어떤 주어진 양의 기체의 부피가 21°C, 1.4atm에서 250mL이다. 온도가 49°C로 상승되었을 때의 부피가 300mL라고 하면 이 기체의 압력은 약 얼마인가?

① 1.35atm ② 1.28atm
③ 1.21atm ④ 1.16atm

풀이

PV = nRT
− 21°C, 1.4atm에서 250mL
1.4atm × 0.25L = nR × (273 + 21)K

$nR = \frac{1.4 \times 0.25}{284}$

− 49°C, 300mL에서 압력을 구하면
□atm × 0.3L = nR × (273 + 49)K

$\square = \frac{(273+49)}{0.3} \times nR = \frac{(273+49)}{0.3} \times \frac{1.4 \times 0.25}{284} = 1.28\text{atm}$

17 다음 물질 1g을 각각 1kg의 물에 녹였을 때 빙점강하가 가장 큰 것은?

① CH_3OH ② C_2H_5OH
③ $C_3H_5(OH)_3$ ④ $C_6H_{12}O_6$

풀이

용질의 몰랄농도가 커지면 어는점 내림도 커진다. 동일 질량의 경우 분자량이 작을수록 몰랄농도가 작아진다.
① CH_3OH : 32
② C_2H_5OH : 46
③ $C_3H_5(OH)_3$: 92
④ $C_6H_{12}O_6$: 180

정답 12 ④ 13 ③ 14 ③ 15 ④ 16 ② 17 ①

18 에탄올 23.0g과 물 54.0g을 함유한 용액에서 에탄올의 몰분율은 약 얼마인가?

① 0.11 ② 0.14 ③ 0.16 ④ 0.19

풀이

C_2H_5OH : $\frac{23g}{46g/mol} = 0.5mol$

H_2O, : $\frac{54g}{18g/mol} = 3mol$

에탄올의 몰분율 : $\frac{0.5}{0.5+3} = 0.14$

19 어떤 기체의 확산속도가 $SO_2(g)$의 2배이다. 이 기체의 분자량은 얼마인가? (단, 원자량은 S = 32, O = 16이다.)

① 8 ② 16 ③ 32 ④ 64

풀이

$V = k\frac{1}{\sqrt{M}}$

$V_{-SO_2} = k\frac{1}{\sqrt{64}}$

$V_{-A} = k\frac{1}{\sqrt{M}} = 2 \times k\frac{1}{\sqrt{64}}$

∴ M = 16

20 1기압에서 2L의 부피를 차지하는 어떤 이상기체를 온도의 변화 없이 압력을 4기압으로 하면 부피는 얼마가 되겠는가?

① 8L ② 2L ③ 1 ④ 0.5L

풀이

온도가 일정할 때 압력은 부피와 반비례한다.
1atm → 4atm이므로 부피는 1/4이 된다.
2/4 = 0.5L

21

불순물로 식염을 포함하고 있는 NaOH 3.2g을 물에 녹여 100mL로 한 다음 그 중 50mL를 중화하는데 1N의 염산이 20mL 필요했다. 이 NaOH의 농도(순도)는 약 몇 wt%인가?

① 10 ② 20 ③ 33 ④ 50

풀이

NaOH 50mL 중화에 사용한 염산의 몰 : $\frac{1eq}{L}\times 0.02L\times\frac{1mol}{1eq}=0.02mol$

NaOH : HCl = 1 : 1로 반응하므로 50mL의 NaOH에는 0.02mol이 포함되어 있다.
NaOH 100mL에는 0.04mol이 포함되어 있으며 1.6g이다.
NaOH 3.2g을 녹였으므로 순도는 50%이다.

22

30wt%인 진한 HCl의 비중은 1.1이다. 진한 HCl의 몰농도는 얼마인가? (단, HCl의 화학식량은 36.5이다.)

① 7.21 ② 9.04 ③ 11.36 ④ 13.08

풀이

$$\frac{1.1g\times\frac{30}{100}\times\frac{mol}{36.5g}}{mL\times\frac{L}{1000mL}}=9.04mol/L$$

23

1N－NaOH 100mL 수용액으로 10wt% 수용액을 만들려고 할 때의 방법으로 다음 중 가장 적합한 것은? (단, 용해된 NaOH의 부피는 무시한다.)

① 36mL의 증류수 혼합 ② 40mL의 증류수 혼합
③ 60mL의 수분 증발 ④ 64mL의 수분 증발

풀이

NaOH의 질량 : $\frac{1eq}{L}\times 0.1L\times\frac{(40/1)g}{1eq}=4g$

용해된 NaOH의 부피를 무시하므로 밀도는 1g/mL이다.
NaOH 수용액의 : 100mL = 100g

10wt% = $\frac{4g}{40g}\times 100$이므로 용질 4g + 용매 36g이어야 한다.

따라서 64g(= 64mL)의 물이 증발해야 한다.

정답 18 ② 19 ② 20 ④ 21 ④ 22 ② 23 ④

24 다음 중 물의 끓는점을 높이기 위한 방법으로 가장 타당한 것은?

① 순수한 물을 끓인다.
② 물을 저으면서 끓인다.
③ 감압 하에 끓인다.
④ 밀폐된 그릇에서 끓인다.

풀이

밀폐된 그릇에서는 압력이 증가하여 끓는점이 상승한다.

25 95wt% 황산의 비중은 1.84이다. 이 황산의 몰농도는 약 얼마인가?

① 4.5
② 8.9
③ 17.8
④ 35.6

풀이

$$\frac{1.84g \times \frac{95}{100} \times \frac{mol}{98g}}{mL \times \frac{L}{1000mL}} = 17.8mol/L$$

26 다음 pH 값에서 알칼리성이 가장 큰 것은?

① pH = 1
② pH = 6
③ pH = 8
④ pH = 13

풀이

pH > 7 : 알칼리성
pH = 7 : 중성
pH < 7 : 산성

27 이상기체상수 R값이 0.082라면 그 단위로 옳은 것은?

① atm · mol/(L · K)
② mmHg · mol/(L · K)
③ atm · L/(mol · K)
④ mmHg · L/(mol · K)

풀이

PV = nRT

$R=\frac{PV}{nT}$ (P : atm, V : L, n : mol, T : K)

28 1몰의 질소와 3몰의 수소를 촉매와 같이 용기 속에 밀폐하고 일정한 온도로 유지하였더니 반응물질의 50%가 암모니아로 변하였다. 이때의 압력은 최초 압력의 몇 배가 되는가? (단, 용기의 부피는 변하지 않는다.)

① 0.5
② 0.75
③ 1.25
④ 변하지 않는다.

풀이

	N_2	+ $3H_2$	→ $2NH_3$
초기	1	3	0
반응	−0.5	−1.5	+1
반응 후	0.5	1.5	+1

반응 초기의 반응물의 전체 몰수는 4몰이고 반응 후 전체 몰수는 3몰이다.
따라서 압력은 3/4로 줄어들게 된다.

정답 24 ④ 25 ③ 26 ④ 27 ③ 28 ②

29 물 500g 중에 설탕($C_{12}H_{22}O_{11}$) 171g이 녹아 있는 설탕물의 몰랄농도(m)는?

① 2.0 ② 1.5 ③ 1.0 ④ 0.5

풀이

몰랄농도(m) = 용질의 mol/용매의 질량(kg)

$$m = \frac{171g \times \frac{mol}{342g}}{0.5kg} = 1.0m$$

30 용매 분자들이 반투막을 통해서 순수한 용매나 묽은 용액으로부터 좀 더 농도가 높은 용액 쪽으로 이동하는 알짜이동을 무엇이라 하는가?

① 총괄이동 ② 등방성
③ 국부이동 ④ 삼투

31 27℃에서 부피가 2L인 고무풍선 속의 수소기체 압력이 1.23atm이다. 이 풍선 속에 몇 mol의 수소기체가 들어 있는가? (단, 이상기체라고 가정한다.)

① 0.01 ② 0.05 ③ 0.10 ④ 0.25

풀이

PV = nRT

1.23atm × 2L = n × 0.082 × (273 + 27)K

∴ n = 0.099mol

32 산(acid)의 성질을 설명한 것 중 틀린 것은?

① 수용액 속에서 H^+를 내는 화합물이다.
② pH 값이 작을수록 강산이다.
③ 금속과 반응하여 수소를 발생하는 것이 많다.
④ 붉은색 리트머스 종이를 푸르게 변화시킨다.

풀이

푸른색 리트머스 종이를 붉게 변화시킨다.

33 실제 기체는 어떤 상태일 때 이상기체방정식에 잘 맞는가?

① 온도가 높고 압력이 높을 때
② 온도가 낮고 압력이 낮을 때
③ 온도가 높고 압력이 낮을 때
④ 온도가 낮고 압력이 높을 때

34 4℃에서 1L의 순수한 물에는 H^+과 OH^-가 각각 몇 g 존재하는가? (단, H의 원자량은 1.000×10^{-7}g/mol이다.)

① 1.008×10^{-7}, 17.008×10^{-7}
② $1000 \times 1/18$, $1000 \times 17/18$
③ 18.016×10^{-7}, 18.016×10^{-7}
④ 1.008×10^{-14}, 17.008×10^{-14}

풀이
물의 밀도는 1g/mL이므로 1L = 1000g이다.
H와 OH의 질량비 1 : 17
전자의 질량을 무시하면 H^+와 OH^-의 질량비도 1 : 17
순수한 물 1L에는 H^+ : 1000 × 1/18 (g), OH^- : 1000 × 17/18 (g)이 존재한다.

35 금속은 열, 전기를 잘 전도한다. 이와 같은 물리적 특성을 갖는 가장 큰 이유는?

① 금속의 원자 반지름이 크다.
② 자유전자를 가지고 있다.
③ 비중이 대단히 크다.
④ 이온화 에너지가 매우 크다.

정답 29 ③ 30 ④ 31 ③ 32 ④ 33 ③ 34 ② 35 ②

36 질산나트륨의 물 100g에 대한 용해도는 80℃에서 148g, 20℃에서 88g이다. 80℃의 포화용액 100g을 70g으로 농축시켜서 20℃로 냉각시키면 약 몇 g의 질산나트륨이 석출되는가?

① 29.4

② 40.3

③ 50.6

④ 59.7

풀 이

용해도: 물 100g에 최대한 녹을 수 있는 용질의 g

• 80℃의 포화용액 100g

80℃에서 용해도는 148g이므로 용질 148g, 용매 100g이다.

포화용액 100g의 용질의 g을 구하면

(100 + 148)g : 148g = 100g : □g

∴ □ = 59.68g

용질 59.68g, 용매 40.32g

• 70g으로 농축시켜서 20℃로 냉각

70g으로 농축시키면 용매인 물이 빠져나간다.

용질 59.68g + 용매 10.32g

20℃로 냉각하면 용해도가 감소한다.

(100 + 88)g : 88g = 70g : □g

∴ □ = 9.08g

용질 9.08g, 용매 10.32g

따라서 59.68−9.08 = 50.6g이 석출된다.

37 20℃에서 NaCl 포화용액을 잘 설명한 것은? (단, 20℃에서 NaCl의 용해도는 36이다.)

① 용액 100g 중에 NaCl이 36g 녹아 있을 때

② 용액 100g 중에 NaCl이 136g 녹아 있을 때

③ 용액 136g 중에 NaCl이 36g 녹아 있을 때

④ 용액 136g 중에 NaCl이 136g 녹아 있을 때

풀 이

용해도: 용매 100g에 녹을 수 있는 용질의 최대량

용질: 36g, 용매: 100g이므로 용액은 136g이다.

38 "기체의 확산속도는 기체의 밀도(또는 분자량)의 제곱근에 반비례한다."라는 법칙과 연관성이 있는 것은?

① 미지의 기체 분자량 측정에 이용할 수 있는 법칙이다.
② 보일-샤를이 정립한 법칙이다.
③ 기체상수 값을 구할 수 있는 법칙이다.
④ 이 법칙은 기체상태방정식으로 표현된다.

풀이

그레이엄의 확산속도의 법칙

$$V = k\frac{1}{\sqrt{M}}$$

PART 05

39 어떤 고체 물질의 온도에 따른 용해도는 표와 같다. 이 물질의 포화용액을 80℃에서 0℃로 내렸더니 20g의 용질이 석출되었다. 80℃에서 이 포화용액의 질량은 몇 g인가?

온도	0℃	80℃
용해도	20	100

① 50g
② 75g
③ 100g
④ 150g

풀이

용해도: 용매 100g에 녹을 수 있는 용질의 최대량

온도	0℃	80℃
용해도	20	100
용매	100g	100g
용질	20g	100g

80℃의 용질을 □g이라 하면 용매는 □g이다.
20℃의 용매를 □g이라 하면 용질은 0.2□g이다.
따라서 □g−0.2□g = 20g 이므로 □는 25g이다.
80℃의 용질은 25g, 용매 25g, 용액 50g이다.

정답 36 ③ 37 ③ 38 ① 39 ①

40 물 200g에 A물질 2.9g을 녹인 용액의 어는점은? (단, 물의 어는점 내림상수는 1.86℃ · kg/mol 이고, A물질의 분자량은 58이다.)

① −0.017℃

② −0.465℃

③ 0.932℃

④ −1.871℃

풀이

$\triangle T_f = m \times K_f$ (m : 몰랄농도, K_f : 어는점 내림상수)

$$\triangle T_f = \frac{2.9g \times \frac{mol}{58g}}{0.2kg} \times \frac{1.86℃ \cdot kg}{mol} = 0.465℃$$

물의 어는점은 0℃이므로 어느점 내림을 보정하면 −0.465℃이다.

41 액체나 기체 안에서 미소 입자가 불규칙적으로 계속 움직이는 것을 무엇이라 하는가?

① 틴들 현상

② 다이알리시스

③ 브라운 운동

④ 전기영동

42 어떤 액체 0.2g을 기화시켰더니 그 증기의 부피가 97℃, 740mmHg에서 80mL였다. 이 액체의 분자량에 가장 가까운 값은?

① 40

② 46

③ 78

④ 121

풀이

PV = nRT

$$740mmHg \times \frac{1atm}{780mmHg} \times 0.08L = \frac{0.2g}{분자량} \times 0.082 \times (273+97)K$$

∴ 분자량 = 77.9

43 다음에서 설명하는 법칙은 무엇인가?

일정한 온도에서 비휘발성이며, 비전해질인 용질이 녹은 묽은 용액의 증기 압력 내림은 일정량의 용매에 녹아 있는 용질의 몰수에 비례한다.

① 헨리의 법칙
② 라울의 법칙
③ 아보가드로의 법칙
④ 보일-샤를의 법칙

44 어떤 기체의 무게가 다른 기체의 4배일 때 확산속도는 몇 배가 되는가?

① 0.5배
② 2배
③ 4배
④ 8배

풀이

$V = k\frac{1}{\sqrt{M}}$

기체의 분자량의 제곱근에 반비례하므로 $V \propto \frac{1}{\sqrt{4}} = 0.5$

45 금속의 특징에 대한 설명 중 틀린 것은?

① 상온에서 모두 고체이다.
② 고체 금속은 연성과 전성이 있다.
③ 고체 상태에서 결정구조를 형성한다.
④ 반도체, 절연체에 비하여 전기전도도가 크다.

풀이

상온에서 대부분 고체이나 수은과 같이 액체도 있다.

정답 40 ② 41 ③ 42 ③ 43 ② 44 ① 45 ①

46 다음의 표는 어떤 고체물질의 용해도이다. 100℃의 포화용액(비중 1.4) 100mL를 20℃의 포화용액으로 만들려면 몇 g의 물을 더 가해야 하는가?

온도	2℃	100℃
용해도	100	180

① 20g ② 40g
③ 60g ④ 80g

풀이

용해도 : 용매 100g에 녹을 수 있는 용질의 최대량

- 100℃의 포화용액(비중 1.4) 100mL : 140g의 포화용액이므로 용질의 양을 구하면
  (100 + 180)g : 180g = 140g : □g
  ∴ □ = 90g
  용질 : 90g, 용매 : 50g
- 20℃의 포화용액 중의 용매양
  100g : 100g = □g : 90g
  ∴ □g = 90g

100℃의 용매가 50g이었으므로 20℃에서 포화용액이 되기 위해서는 90 − 50 = 40g의 용매를 넣어야 한다.

47 pH에 대한 설명으로 옳은 것은?

① 건강한 사람의 혈액의 pH는 5.7이다.
② pH 값은 산성용액이 알칼리성용액보다 크다.
③ pH가 7인 용액에 지시약 메틸오렌지를 넣으면 노란색을 띤다.
④ 알칼리성 용액은 pH가 7보다 작다.

풀이

① 건강한 사람의 혈액의 pH는 7.3~7.4이다.
② pH 값은 산성용액이 알칼리성 용액보다 작다.
④ 알칼리성 용액은 pH가 7보다 크다.

48 0.01N NaOH 용액 100mL에 0.02N HCl 55mL를 넣고 증류수를 넣어 전체 용액을 1,000mL로 한 용액의 pH는?

① 3　　② 4
③ 10　　④ 11

풀이

H^+의 몰수가 OH^-의 몰수보다 많으므로 혼합용액에는 H^+이온이 존재한다.

$$\frac{0.02M\times0.055L-0.01M\times0.1}{1L}=0.0001mol/L$$

$pH = -\log[H^+] = -\log[0.0001] = 4$

49 20℃에서 4L를 차지하는 기체가 있다. 동일한 압력 40℃에서는 몇 L를 차지하는가?

① 0.23　　② 1.23
③ 4.27　　④ 5.27

풀이

$$4L\times\frac{(273+40)K}{(273+20)K}=5.27L$$

50 27℃에서 500mL에 6g의 비전해질을 녹인 용액의 삼투압은 7.4기압이었다. 이 물질의 분자량은 약 얼마인가?

① 20.78　　② 39.89
③ 58.16　　④ 77.65

풀이

$\pi V = nRT$

$$7.4atm\times0.5L=\frac{6g}{분자량}\times0.082\times(273+27)K$$

∴ 분자량 = 39.89

정답 46 ② 47 ③ 48 ② 49 ④ 50 ②

51 어떤 비전해질 12g을 물 60.0g에 녹였다. 이 용액이 −1.88℃의 빙점강하를 보였을 때 이 물질의 분자량을 구하면? (단, 물의 몰랄 어는점내림상수 K_f = 1.86℃/m이다.)

① 297 ② 202
③ 198 ④ 165

풀이

$\triangle T_f = m \times K_f$ ($\triangle T_f$: 빙점강하, m: 몰랄농도, k_f: 어는점 내림상수)

$$1.88℃ = \frac{1.86℃}{m} \times \frac{\frac{12g}{분자량}}{0.06kg}$$

∴ 분자량 = 198

52 0℃, 1기압에서 1g의 수소가 들어 있는 용기에 산소 32g을 넣었을 때 용기의 총 내부 압력은? (단, 온도는 일정하다.)

① 1기압 ② 2기압
③ 3기압 ④ 4기압

풀이

1g의 수소: 0.5mol
32g의 산소: 1mol
0.5mol → 1.5mol로 3배 증가하였으므로 압력도 3배 증가한다.

53 100mL 메스플라스크로 10ppm 용액 100mL를 만들려고 한다. 1,000ppm 용액 몇 mL를 취해야 하는가?

① 0.1 ② 1
③ 10 ④ 100

풀이

1000ppm × □mL = 10ppm × 100mL
∴ □ = 1mL

54 질소 2몰과 산소 3몰의 혼합기체가 나타나는 전압력이 10기압일 때 질소의 분압은 얼마인가?

① 2기압
② 4기압
③ 8기압
④ 10기압

풀이

$$10atm \times \frac{2}{(2+3)} = 4atm$$

55 고체상의 물질이 액체상과 평형에 있을 때의 온도와 액체의 증기압과 외부 압력이 같게 되는 온도를 각각 옳게 표시한 것은?

① 끓는점과 어는점
② 전이점과 끓는점
③ 어는점과 끓는점
④ 용융점과 어는점

56 농도 단위에서 "N"의 의미를 가장 옳게 나타낸 것은?

① 용액 1L 속에 녹아 있는 용질의 몰수
② 용액 1L 속에 녹아 있는 용질의 g 당량수
③ 용액 1,000g 속에 녹아 있는 용질의 몰수
④ 용액 1,000g 속에 녹아 있는 용질의 g 당량수

57 질산칼륨 수용액 속에 소량의 염화나트륨이 불순물로 포함 되어 있다. 용해도 차이를 이용하여 이 불순물을 제거하는 방법으로 가장 적당한 것은?

① 증류
② 막분리
③ 재결정
④ 전기분해

정답 51 ③ 52 ③ 53 ② 54 ② 55 ③ 56 ② 57 ③

58 금속은 열, 전기를 잘 전도한다. 이와 같은 물리적 특성을 갖는 가장 큰 이유는?

① 금속의 원자 반지름이 크다.
② 자유전자를 가지고 있다.
③ 비중이 대단히 크다.
④ 이온화 에너지가 매우 크다.

59 반투막을 이용하여 콜로이드 입자를 전해질이나 작은 분자로부터 분리 정제하는 것을 무엇이라 하는가?

① 틴들현상
② 브라운 운동
③ 투석
④ 전기영동

풀이

① 틴들현상: 광선을 통과시키면 입자가 빛을 산란하여 빛의 진로를 볼 수 있게 된다.
② 브라운 운동: 콜로이드 입자가 분산매 및 다른 입자와 충돌하여 불규칙한 운동을 하게 된다.
④ 전기영동(전기이동): 콜로이드 용액에 전압을 가할 때 콜로이드 입자가 한쪽 전극으로 이동하는 현상이다.

60 25℃, 5 atm에서 1L의 반응기에 $H_2(g)$와 $N_2(g)$가 3 : 1의 몰 비로 혼합되어 있을 때, H_2의 부분 압력(P_{H_2})[atm]과 N_2의 부분 압력(P_{N_2})[atm]은? (단, 기체는 이상기체이고, 혼합기체는 반응하지 않는다.) 2024년 지방직9급

	P_{H_2}	P_{N_2}
①	1.25	3.75
②	1.50	3.50
③	3.50	1.50
④	3.75	1.25

풀이

$$P_{H_2} = 5atm \times \frac{3}{4} = 3.75atm$$

$$P_{N_2} = 5atm \times \frac{1}{4} = 1.25atm$$

61

1M의 HCl 수용액 100mL에 대한 설명으로 옳은 것만을 모두 고르면? (단, 온도는 25 ℃이고, HCl과 NaOH는 물에서 완전히 해리된다.)

2024년 지방직9급

ㄱ. 500mL의 증류수를 첨가하면 0.2M이 된다.
ㄴ. 용액 안에 존재하는 이온의 총량은 2mol이다.
ㄷ. 페놀프탈레인 용액을 넣었을 때 색이 변하지 않는다.
ㄹ. 2M의 NaOH 수용액 50mL를 첨가하면 pH는 7이다.

① ㄱ, ㄷ
② ㄱ, ㄹ
③ ㄴ, ㄷ
④ ㄷ, ㄹ

풀이

1M의 HCl 수용액 100mL 속에는 0.1mol의 HCl이 들어있다.

ㄱ. 500mL의 증류수를 첨가하면 수용액의 양이 0.6L가 되므로 몰농도는 0.2M보다 작다.

$$M = \frac{0.1mol}{(0.1+0.5)L} = 0.1666M$$

ㄴ. 용액 안에 존재하는 이온의 총량은 0.2mol이다. $HCl \rightleftarrows H^+ + Cl^-$로 완전해리되므로 H^+ 0.1mol, Cl^- 0.1mol이 생성된다.

ㄷ. 페놀프탈레인 용액은 산성이나 중성에서는 아무런 변화가 없으며 염기성 용액에서 붉게 변한다. H^+이온이 해리되어 있어 산성용액이므로 페놀트팔레인 용액을 넣었을 때 색이 변하지 않는다.

ㄹ. 2M의 NaOH 수용액 50mL를 첨가하면 완전중화되어 pH는 7이다.

$n_1M_1V_1 = n_2M_2V_2$

$$1 \times \frac{1mol}{L} \times 100mL = 1 \times \frac{2mol}{L} \times 50mL$$

62

25℃에서 탄산수가 담긴 밀폐 용기의 CO_2 부분 압력이 0.41MPa일 때, 용액 내의 CO_2 농도[M]는? (단, 25℃에서 물에 대한 CO_2의 Henry 상수는 3.4×10^{-4} mol m^{-3} Pa^{-1}이다.)

2024년 지방직9급

① 1.4×10^{-1}
② 1.4
③ 1.4×10
④ 1.4×10^{2}

풀이

$$\frac{3.4 \times 10^{-4} mol}{m^3 \cdot Pa} \times 0.41MPa \times \frac{10^6 Pa}{1MPa} \times \frac{1m^3}{10^3 L} = 0.1394mol/L \fallingdotseq 1.4 \times 10^{-1} M$$

정답 58 ② 59 ③ 60 ④ 61 ④ 62 ①

63 1.0M KOH 수용액 30mL와 2.0M KOH 수용액 40mL를 섞은 후 증류수를 가해 전체 부피를 100mL로 만들었을 때, KOH 수용액의 몰농도[M]는? (단, 온도는 25℃이다.) 2023년 지방직9급

① 1.1
② 1.3
③ 1.5
④ 1.7

풀이

$C_m = \dfrac{C_1Q_1 + C_2Q_2}{Q_1 + Q_2}$ (C_m : 혼합농도 C_1, C_2 : 농도 Q_1, Q_2 : 유량)

- 1.0M KOH 수용액 30mL의 mol

$\dfrac{1mol}{L} \times 0.03L = 0.03mol$

- 2.0M KOH 수용액 40mL

$\dfrac{2mol}{L} \times 0.04L = 0.08mol$

- 혼합용액의 몰농도

$\dfrac{0.03 + 0.08}{0.1L} = 1.1M$

64 다음은 3주기 원소로 이루어진 이온성 고체 AX의 단위 세포를 나타낸 것이다. 이에 대한 설명으로 옳지 않은 것은? 2023년 지방직9급

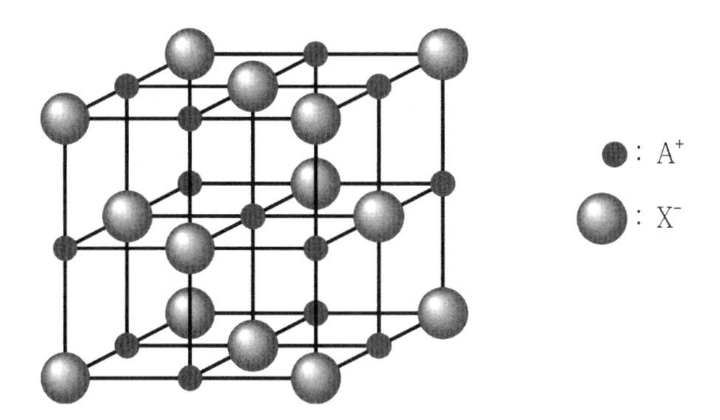

① 단위 세포 내에 있는 A이온과 X이온의 개수는 각각 4이다.
② A이온과 X이온의 배위수는 각각 6이다.
③ A(s)는 전기적으로 도체이다.
④ AX(l)는 전기적으로 부도체이다.

풀이

3주기 원소로 이루어진 이온결합 결정으로 NaCl이다.

① Na^+ : 단위세포 내에 있는 개수는 12 × 1/4 + 1 = 4이다.(모서리에 있는 입자는 1개의 단위세포에 1/4의 입자가 존재한다.)
Cl^- : 단위세포 내에 있는 개수는 8 × 1/8 + 6 × 1/2 = 4이다.(꼭지점에 있는 입자는 1개의 단위세포에 1/8, 각 면에 있는 입자는 1개의 단위세포에 1/2의 입자가 존재한다.)

② 배위수 : 한 원자와 가장 가까이에 있는 원자의 수이다. 배위수는 6이다.

③ Na(s)는 고체(금속)으로 전기적으로 도체이다.

④ 이온결합으로 이루어진 물질은 고체에서 전기전도성이 없으며 수용액과 액체에서 전기전도성이 있다.

65 다음 각 0.1M 착화합물 수용액 100mL에 0.5M $AgNO_3$ 수용액 100mL씩을 첨가했을 때, 가장 많은 양의 침전물이 얻어지는 것은? 2023년 지방직9급

① $[Co(NH_3)_6]Cl_3$

② $[Co(NH_3)_5Cl]Cl_2$

③ $[Co(NH_3)_4Cl_2]Cl$

④ $[Co(NH_3)_3Cl_3]$

풀이

착화합물과 결합되어 있는 Cl의 수가 많을수록 많은 양의 침전물(AgCl)이 얻어진다.

66 대기 오염 물질에 대한 설명으로 옳지 않은 것은? 2023년 지방직9급

① 이산화황(SO_2)은 산성비의 원인이 된다.

② 휘발성 유기 화합물(VOCs)은 완전 연소된 화석 연료로부터 주로 발생한다.

③ 일산화탄소(CO)는 혈액 속 헤모글로빈과 결합하여 산소 결핍을 유발한다.

④ 오존(O_3)은 불완전 연소된 탄화수소, 질소 산화물, 산소 등의 반응으로 생성되기도 한다.

풀이

휘발성 유기 화합물(VOCs)은 주로 건축자재, 접착제 등에서 주로 발생한다.

정답 63 ① 64 ④ 65 ① 66 ②

67 이상기체 (가), (나)의 상태가 다음과 같을 때, P는?

2022년 지방직9급

기체	양[mol]	온도[K]	부피[L]	압력[atm]
(가)	n	300	1	1
(나)	n	600	2	P

① 0.5　　② 1
③ 2　　④ 4

풀이

이상기체의 mol은 변화가 없고 온도와 부피가 2배가 되었으므로 압력은 변화가 없어야 한다.
$PV = nRT$
$1 \times 1 = n \times 0.082 \times 300$
$P \times 2 = n \times 0.082 \times 600$
연립하여 계산하면 P = 1atm이다.

68 X가 녹아 있는 용액에서, X의 농도에 대한 설명으로 옳지 않은 것은?

2022년 지방직9급

① 몰 농도[M]는 X의 몰(mol) 수/용액의 부피[L]이다.
② 몰랄 농도[m]는 X의 몰(mol) 수/용매의 질량[kg]이다.
③ 질량 백분율(%)은 X의 질량/용매의 질량×100이다.
④ 1ppm 용액과 1,000ppb 용액은 농도가 같다.

풀이

질량 백분율(%)은 X의 질량/용액의 질량 × 100이다.

69 다음 중 온실 효과가 가장 작은 것은?

2022년 지방직9급

① CO_2　　② CH_4
③ C_2H_5OH　　④ Hydrofluorocarbons(HFCs)

풀이

- 대기환경보전법상 온실가스 정의: "온실가스"란 적외선 복사열을 흡수하거나 다시 방출하여 온실효과를 유발하는 대기 중의 가스상태 물질로서 이산화탄소, 메탄, 이산화질소, 수소불화탄소, 과불화탄소, 육불화황을 말한다.
- 교토의정서상 온실효과에 기여하는 6대 물질: 이산화탄소(CO_2), 메탄(CH_4), 아산화질소(N_2O), 불화탄소(PFC), 수소화불화탄소(HFC), 육불화황(SF_6) 등

✓ 온실가스별 지구온난화 계수

온실가스의 종류	지구온난화 계수
이산화탄소(CO_2)	1
메탄(CH_4)	21
아산화질소(N_2O)	310
수소불화탄소(HFCs)	140~11,700
과불화탄소(PFCs)	6,500~9,200
육불화황(SF_6)	23,900

70

$Ba(OH)_2$ 0.1mol이 녹아 있는 10L의 수용액에서 H_3O^+ 이온의 몰 농도[M]는? (단, 온도는 25℃이다.)

2022년 지방직9급

① 1×10^{-13} ② 5×10^{-13}
③ 1×10^{-12} ④ 5×10^{-12}

풀 이

0.1mol/10L = 0.01M
$Ba(OH)_2 \rightarrow Ba^{2+} + 2OH^-$
1 : 2이므로 OH^-의 몰농도는 2 × 0.01M이다.
$[H_3O^+][OH^-] = 1.0 \times 10^{-14}$
$[H_3O^+][2 \times 0.01] = 1.0 \times 10^{-14}$
$[H_3O^+] = 5 \times 10^{-13}$

71

용액의 총괄성에 해당하지 않는 현상은?

2021년 지방직9급

① 산 위에 올라가서 끓인 라면은 설익는다.
② 겨울철 도로 위에 소금을 뿌려 얼음을 녹인다.
③ 라면을 끓일 때 스프부터 넣으면 면이 빨리 익는다.
④ 서로 다른 농도의 두 용액을 반투막을 사용해 분리해 놓으면 점차 그 농도가 같아진다.

풀 이

① 산 위에 올라가서 끓인 라면은 설익는다. : 고도가 높아짐에 따라 압력이 내려가 끓는점이 낮아진다. 이 때문에 끓인 라면이 설익게 된다.

✓ 용액의 총괄성

비휘발성, 비전해질인 용질이 녹아 있는 묽은 용액에서 용질의 종류에는 관계 없이 입자 수에 관계되는 성질을 묽은 용액의 총괄성이라고 한다.

정 답 67 ② 68 ③ 69 ③ 70 ② 71 ①

72 강철 용기에서 암모니아(NH_3) 기체가 질소(N_2) 기체와 수소 기체(H_2)로 완전히 분해된 후의 전체 압력이 900mmHg이었다. 생성된 질소와 수소 기체의 부분 압력[mmHg]을 바르게 연결한 것은? (단, 모든 기체는 이상 기체의 거동을 한다.) 2021년 지방직9급

	질소 기체	수소 기체
①	200	700
②	225	675
③	250	650
④	275	625

풀이

$2NH_3 \rightarrow N_2 + 3H_2$

암모니아 분해 후 생성된 질소와 수소 기체의 전체 몰수 : 4mol

각 기체의 부분압력은 전체 몰수에 대한 각 기체의 몰수와 관계가 있다.

질소 기체(1mol 생성) : 900mmHg × 1/4 = 225mmHg

수소 기체(3mol 생성) : 900mmHg × 3/4 = 675mmHg

73 광화학 스모그 발생과정에 대한 설명으로 옳지 않은 것은? 2021년 지방직9급

① NO는 주요 원인 물질 중 하나이다.

② NO_2는 빛 에너지를 흡수하여 산소 원자를 형성한다.

③ 중간체로 생성된 하이드록시라디칼은 반응성이 약하다.

④ O_3는 최종 생성물 중 하나이다.

풀이

중간체로 생성된 산소원자는 반응성이 강하여 산소와 반응하여 오존을 형성한다.

74 철(Fe) 결정의 단위 세포는 체심 입방 구조이다. 철의 단위 세포 내의 입자수는? 2021년 지방직9급

① 1개

② 2개

③ 3개

④ 4개

풀이

(1/8) × 8 + 1 = 2

75 25℃에서 측정한 용액 A의 $[OH^-]$가 1.0×10^{-6}M일 때, pH값은? (단, $[OH^-]$는 용액 내의 OH^- 몰농도를 나타낸다.)

2020년 지방직9급

① 6.0
② 7.0
③ 8.0
④ 9.0

풀이

pH + pOH = 14
- pOH 산정
  $pOH = -\log[OH^-] = -\log[1.0 \times 10^{-6}] = 6.0$
- pH 산정
  pH + pOH = 14
  pH = 14 − pOH = 14 − 6 = 8

76 물 분자의 결합 모형을 그림처럼 나타낼 때, 결합 A와 결합 B에 대한 설명으로 옳은 것은?

2020년 지방직9급

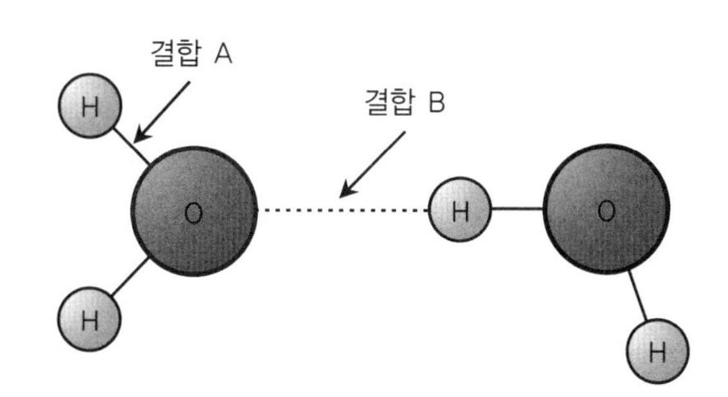

① 결합 A는 결합 B보다 강하다.
② 액체에서 기체로 상태변화를 할 때 결합 A가 끊어진다.
③ 결합 B로 인하여 산소 원자는 팔전자 규칙(octet rule)을 만족한다.
④ 결합 B는 공유결합으로 이루어진 모든 분자에서 관찰된다.

풀이

① 결합 A는 공유결합, 결합 B는 수소결합으로 공유결합이 수소결합보다 강하다.
② 액체에서 기체로 상태변화를 할 때 결합 B가 끊어진다.
③ 결합 A로 인하여 산소 원자는 팔전자 규칙(octet rule)을 만족한다.
④ 결합 A는 공유결합으로 이루어진 모든 분자에서 관찰된다.

정답 72 ② 73 ③ 74 ② 75 ③ 76 ①

77 **용액에 대한 설명으로 옳지 않은 것은?** 2020년 지방직9급

① 용액의 밀도는 용액의 질량을 용액의 부피로 나눈 값이다.
② 용질 A의 몰농도는 A의 몰수를 용매의 부피(L)로 나눈 값이다.
③ 용질 A의 몰랄농도는 A의 몰수를 용매의 질량(kg)으로 나눈 값이다.
④ 1ppm은 용액 백만 g에 용질 1g이 포함되어 있는 값이다.

풀 이

용질 A의 몰농도는 A의 몰수를 용액의 부피(L)로 나눈 값이다.

78 **바닷물의 염도를 1kg의 바닷물에 존재하는 건조 소금의 질량(g)으로 정의하자. 질량 백분율로 소금 3.5%가 용해된 바닷물의 염도[g/kg]는?** 2020년 지방직9급

① 0.35
② 3.5
③ 35
④ 350

풀 이

1kg = 1,000g
1,000g × 3.5/100 = 35g
염도는 35g/kg이다.

79 물질 A, B, C에 대한 다음 그래프의 설명으로 옳은 것만을 모두 고르면? 2020년 지방직9급

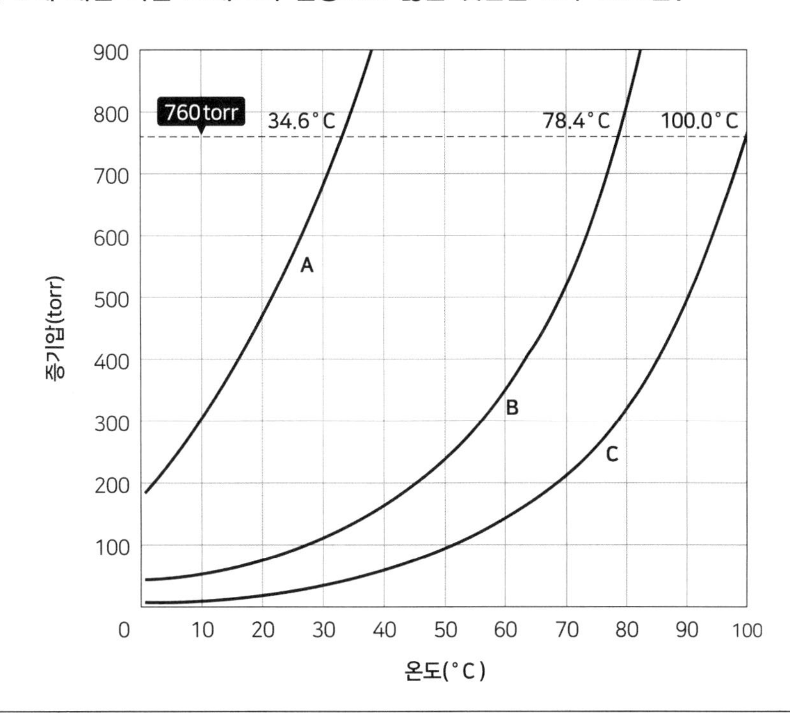

ㄱ. 30℃에서 증기압 크기는 C < B < A이다. ㄴ. B의 정상 끓는점은 78.4℃이다. ㄷ. 25℃ 열린 접시에서 가장 빠르게 증발하는 것은 C이다.

① ㄱ, ㄴ
② ㄱ, ㄷ
③ ㄴ, ㄷ
④ ㄱ, ㄴ, ㄷ

풀이

같은 온도에서 증기압이 클수록 끓는점은 낮은 물질이다.
ㄷ. 25℃ 열린 접시에서 가장 빠르게 증발하는 것은 A이다.

정답 77 ② 78 ③ 79 ①

80 샤를의 법칙을 옳게 표현한 식은? (단, V, P, T, n은 각각 이상 기체의 부피, 압력, 절대온도, 몰수이다.)

2019년 지방직9급

① V = 상수/P
② V = 상수 × n
③ V = 상수 × T
④ V = 상수 × P

풀이

샤를의 법칙은 일정한 압력에서 일정량의 기체의 부피는 절대 온도에 비례한다는 법칙이다.

① 보일의 법칙
- 일정한 온도에서 일정량의 기체의 부피(V)는 압력(P)에 반비례한다.

$V \propto \frac{1}{P}$ 또는 PV = k (k : 상수) → $P_1 \times V_1 = P_2 \times V_2$

(P_1 : 처음 압력, V_1 : 처음 부피, P_2 : 나중 압력, V_2 : 나중 부피)

② 샤를의 법칙
- 일정한 압력에서 일정량의 기체의 부피(V)는 절대온도(K)에 비례한다.
- 절대 온도(K) = 273 + 섭씨온도(℃)

$V = kT \rightarrow \frac{V}{T} = k,\ \frac{V_1}{T_1} = \frac{V_2}{T_2}$

(T_1 : 처음 온도(K), V_1 : 처음 부피, T_2 : 나중 온도(K), V_2 : 나중 부피)

③ 보일-샤를의 법칙
- 기체의 부피는 절대온도에 비례하고 압력에 반비례한다.

$\frac{P_1 V_1}{T_1} = \frac{P_2 V_2}{T_2} = k$

81 온실 가스가 아닌 것은?

2019년 지방직9급

① $CH_4(g)$
② $N_2(g)$
③ $H_2O(g)$
④ $CO_2(g)$

풀이

대기환경보전법상 온실가스 정의 : "온실가스"란 적외선 복사열을 흡수하거나 다시 방출하여 온실효과를 유발하는 대기 중의 가스상태 물질로서 이산화탄소, 메탄, 이산화질소, 수소불화탄소, 과불화탄소, 육불화황을 말한다.
H_2O는 대기환경보전법에서 정한 온실가스에 포함되지 않으나 온실효과에 기여하는 것으로 알려져 있다.

82 용액의 총괄성에 대한 설명으로 옳은 것만을 모두 고르면?

2019년 지방직9급

ㄱ. 용질의 종류와 무관하고, 용질의 입자 수에 의존하는 물리적 성질이다.
ㄴ. 증기 압력은 0.1M NaCl 수용액이 0.1M 설탕 수용액보다 크다.
ㄷ. 끓는점 오름의 크기는 0.1M NaCl 수용액이 0.1M 설탕 수용액보다 크다.
ㄹ. 어는점 내림의 크기는 0.1M NaCl 수용액이 0.1M 설탕 수용액보다 작다.

① ㄱ, ㄴ
② ㄱ, ㄷ
③ ㄴ, ㄹ
④ ㄷ, ㄹ

풀이

용액에 녹아 있는 비전해질, 비휘발성 용질의 입자수가 많을수록 용액의 증발은 느려지게 된다.
바르게 고쳐보면,
ㄴ. 증기 압력은 0.1M NaCl 수용액이 0.1M 설탕 수용액보다 작다.
ㄹ. 어는점 내림의 크기는 0.1M NaCl 수용액이 0.1M 설탕 수용액보다 크다.

83 전해질(electrolyte)에 대한 설명으로 옳은 것은?

2019년 지방직9급

① 물에 용해되어 이온 전도성 용액을 만드는 물질을 전해질이라 한다.
② 설탕($C_{12}H_{22}O_{11}$)을 증류수에 녹이면 전도성 용액이 된다.
③ 아세트산(CH_3COOH)은 KCl보다 강한 전해질이다.
④ NaCl 수용액은 전기가 통하지 않는다.

풀이

바르게 고쳐보면,
② 설탕($C_{12}H_{22}O_{11}$)을 증류수에 녹이면 전도성 용액이 되지 않는다.
③ 아세트산(CH_3COOH)은 KCl보다 약한 전해질이다. 아세트산은 약산, KCl은 강염기에 해당한다.
④ NaCl 수용액은 전기가 통한다.

정답 80 ③ 81 ② 82 ② 83 ①

84 산소와 헬륨으로 이루어진 가스통을 가진 잠수부가 바다 속 60m에서 잠수중이다. 이 깊이에서 가스통에 들어 있는 산소의 부분 압력이 1140mmHg일 때, 헬륨의 부분 압력[atm]은? (단, 이 깊이에서 가스통의 내부 압력은 7.0atm이다.) 2018년 지방직9급

① 5.0 ② 5.5
③ 6.0 ④ 6.5

풀 이

가스통 내부의 압력 = 산소의 압력 + 헬륨의 압력

• 산소의 압력 : $1140mmHg \times \frac{1atm}{760mmHg} = 1.5atm$

• 헬륨의 압력 : 7.0atm − 1.5atm = 5.5atm

85 끓는점이 가장 낮은 분자는? 2018년 지방직9급

① 물(H_2O)
② 일염화 아이오딘(ICl)
③ 삼플루오린화 붕소(BF_3)
④ 암모니아(NH_3)

풀 이

극성분자의 끓는점이 무극성분자보다 높다.

① 물(H_2O) : 100℃, 극성분자
② 일염화 아이오딘(ICl) : 전기음성도 차이에 의한 결합으로 극성분자
③ 삼플루오린화 붕소(BF_3) : 평면삼각형 구조의 무극성분자
④ 암모니아(NH_3) : 비공유전자쌍이 존재하는 극성분자

86 체심입방(bcc)구조인 타이타늄(Ti)의 단위 세포에 있는 원자의 알짜 개수는? 2018년 지방직9급

① 1 ② 2
③ 4 ④ 6

풀 이

체심입방구조의 단위세포 속 원자의 수 = 1 + 8/8 = 2이다.

87 **물과 반응하였을 때, 산성이 아닌 것은?** 2018년 지방직9급

① 에테인(C_2H_6) ② 이산화황(SO_2)
③ 일산화질소(NO) ④ 이산화탄소(CO_2)

풀이
① 에테인은 산소와 반응하여 물을 생성한다.
② 이산화황은 물과 반응하여 황산용액이 되어 산성을 나타낸다.
③ 일산화질소는 이산화질소로 산화된 후 물과 반응하여 질산이 된다.
④ 이산화탄소는 물과 반응하여 중탄산을 만들며 약산성을 나타낸다.

88 **용액에 대한 설명으로 옳은 것은?** 2018년 지방직9급

① 순수한 물의 어는점보다 소금물의 어는점이 더 높다.
② 용액의 증기압은 순수한 용매의 증기압보다 높다.
③ 순수한 물의 끓는점보다 설탕물의 끓는점이 더 낮다.
④ 역삼투 현상을 이용하여 바닷물을 담수화할 수 있다.

풀이
① 순수한 물의 어는점보다 소금물의 어는점이 더 낮다.
② 용액의 증기압은 순수한 용매의 증기압보다 낮다.
③ 순수한 물의 끓는점보다 설탕물의 끓는점이 더 높다.

89 **0.100M의 NaOH 수용액 24.4mL를 중화하는 데 H_2SO_4 수용액 20.0mL를 사용하였다. 이 때, 사용한 H_2SO_4 수용액의 몰 농도는?** 2017년 지방직9급

$$2NaOH(aq) + H_2SO_4(aq) \rightarrow NaSO_4(aq) + 2H_2O(l)$$

① 0.0410 ② 0.0610
③ 0.122 ④ 0.244

풀이
0.1mol/L × 24.4mL = 2 × □mol/L × 20mL
∴ □ = 0.061mol/L

정답 84 ② 85 ③ 86 ② 87 ① 88 ④ 89 ②

90 다음은 25°C, 수용액 상태에서 산의 세기를 비교한 것이다. 옳은 것만을 모두 고른 것은?

2017년 지방직9급

ㄱ. $H_2O < H_2S$
ㄴ. $HI < HCl$
ㄷ. $CH_3COOH < CCl_3COOH$
ㄹ. $HBrO < HClO$

① ㄱ, ㄴ
② ㄷ, ㄹ
③ ㄱ, ㄷ, ㄹ
④ ㄴ, ㄷ, ㄹ

풀 이

ㄱ. H_2O의 결합이 H_2S의 결합보다 강하므로 H_2S의 산의 세기가 더 세다.
ㄴ. 결합의 세기가 클수록 약산 산의 성질을 나타낸다. 또한 HF는 수소결합을 이루고 있어 약산이다(HI > HBr > HCl).
ㄷ. C−H 결합은 C−Cl보다 강하다. C−Cl 결합은 C−H 결합보다 극성이 더 커서 물에 녹아 쉽게 해리되므로 강한 산이다.
ㄹ. H−O−X(할로겐)인 산의 경우 X가 전자를 자기 쪽으로 끌어당기는 능력이 커지면 분자의 산의 세기는 더 커진다. 즉 X의 전기음성도가 더 클수록 산의 세기가 더 크다.

91 다음은 오존(O_3)층 파괴의 주범으로 의심되는 프레온−12(CCl_2F_2)와 관련된 화학 반응의 일부이다. 이에 대한 설명으로 옳지 않은 것은?

2017년 지방직9급

(가) $CCl_2F_2(g) + hv \rightarrow CClF_2(g) + Cl(g)$
(나) $Cl(g) + O_3(g) \rightarrow ClO(g) + O_2(g)$
(다) $O(g) + ClO(g) \rightarrow Cl(g) + O_2(g)$

① (가) 반응을 통해 탄소(C)는 환원되었다.
② (나) 반응에서 생성되는 ClO에는 홀전자가 있다.
③ 오존(O_3) 분자 구조내의 π결합은 비편재화되어 있다.
④ 오존(O_3) 분자 구조내의 결합각 ∠O−O−O은 180°이다.

풀 이

오존(O_3) 분자 구조내의 결합각 ∠O−O−O은 116.8°으로 굽은형이다.
비편재화 : 하나의 원자나 공유결합에 속하지 않는 원자 또는 이온의 전자로 전자가 전체에 확산되어 있는 것을 의미하며 공명구조를 뜻한다.

92 1M $Fe(NO_3)_2$ 수용액에서 음이온의 농도는? (단, $Fe(NO_3)_2$는수용액에서 100% 해리된다.)

2016년 지방직9급

① 1M
② 2M
③ 3M
④ 4M

풀 이

$Fe(NO_3)_2 \rightleftarrows Fe^{2+} + 2NO_3^-$

1M : 1M : 2M

93 묽은 설탕 수용액에 설탕을 더 녹일 때 일어나는 변화를 설명한 것으로 옳은 것은?

2016년 지방직9급

① 용액의 증기압이 높아진다.
② 용액의 끓는점이 낮아진다.
③ 용액의 어는점이 높아진다.
④ 용액의 삼투압이 높아진다.

풀 이

① 용액의 증기압이 낮아진다.
② 용액의 끓는점이 높아진다.
③ 용액의 어는점이 낮아진다.
④ 비휘발성, 비전해질 용질이 녹아 있는 묽은 용액의 삼투압은 용매나 용질의 종류에 관계없이 용액의 몰농도(M)와 절대 온도(T)에 비례하므로 삼투압은 높아진다.

정 답 90 ③ 91 ④ 92 ② 93 ④

94 대기 오염 물질인 기체 A, B, C가 〈보기 1〉과 같을 때 〈보기 2〉의 설명 중 옳은 것만을 모두 고른 것은?

2016년 지방직9급

보기 1

A: 연료가 불완전 연소할 때 생성되며, 무색이고 냄새가 없는 기체이다.
B: 무색의 강한 자극성 기체로, 화석 연료에 포함된 황 성분이 연소 과정에서 산소와 결합하여 생성된다.
C: 자극성 냄새를 가진 기체로 물의 살균 처리에도 사용 된다.

보기 2

ㄱ. A는 헤모글로빈과 결합하면 쉽게 해리되지 않는다.
ㄴ. B의 수용액은 산성을 띤다.
ㄷ. C의 성분 원소는 세 가지이다.

① ㄱ, ㄴ
② ㄱ, ㄷ
③ ㄴ, ㄷ
④ ㄱ, ㄴ, ㄷ

풀이

A: 불완전연소시 CO가 발생되며 헤모글로빈과 결합하면 쉽게 해리되지 않는다.
B: 연료 중 황성분과 산소가 결합하여 SO_2가 형성되며 수용액은 산성을 띤다.
C: 특유한 냄새를 가진 오존은 물의 살균처리에 사용되며 산소원자 3개가 결합되어 형성된다.

95 25°C에서 $[OH^-] = 2.0 \times 10^{-5}$M일 때, 이 용액의 pH 값은? (단, log2 = 0.30이다.)

2016년 지방직9급

① 2.70
② 4.70
③ 9.30
④ 11.30

풀이

$pH + pOH = 14$
$pOH = -\log[OH^-] = -\log[2.0 \times 10^{-5}] = 4.7$
$\therefore pH = 14 - 4.7 = 9.3$

96 이온성 고체에 대한 설명으로 옳은 것은?

2016년 지방직9급

① 격자에너지는 NaCl이 NaI보다 크다.
② 격자에너지는 NaF가 LiF보다 크다.
③ 격자에너지는 KCl이 $CaCl_2$보다 크다.
④ 이온성 고체는 표준생성엔탈피(ΔH_f)가 0보다 크다.

풀이

격자에너지(E) = $k\frac{Q_1Q_2}{r^2}$ (Q_1, Q_2 : 이온의 전하량, r : 이온 간 거리)

→ 격자에너지는 이온의 전하량의 곱에 비례하고 이온 간 거리의 제곱에 반비례한다.
- NaI는 NaCl보다 r이 크므로 격자에너지가 작다.
- NaF이 LiF보다 r이 크므로 격자에너지가 작다.
- $CaCl_2$가 KCl보다 이온의 전하가 크므로 격자에너지가 더 크다.
- 이온성 고체의 생성 반응은 발열반응이므로 표준생성엔탈피는 0보다 작다.

97 표는 온도 T에서 X(g)와 Y(g)에 대한 자료이다.

기체	화학식량	압력(atm)	밀도(g/L)
X(g)	x	1	3a
Y(g)	y	2	2a

x/y는?

① 4/3　② 3/2　③ 2　④ 3

풀이

PV = nRT → $P=\frac{dRT}{M}$ → $M=\frac{dRT}{P}$

X : $x=\frac{3aRT}{1}$　　Y : $y=\frac{2aRT}{2}$

$\therefore \frac{x}{y}=3$

98 다음은 아세트산 수용액($CH_3COOH(aq)$) aM 수용액 $x$ml에 물을 넣어 50ml 수용액을 만들었다. 이 중 30mL를 분취하여 0.1M NaOH(aq)을 이용하여 중화 적정하였더니 VmL를 소비하며 적정이 완료되었다. 이 때 a는 얼마인가? (단, 온도는 25℃로 일정하다.)

① $\frac{y}{8x}$　② $\frac{y}{6x}$　③ $\frac{2y}{3x}$　④ $\frac{y}{x}$

풀이

H^+과 OH^-은 1 : 1로 반응하므로

$\frac{amol}{L}\times xmL\times\frac{30mL}{50mL}=\frac{0.1mol}{L}\times VmL$

$\therefore$ a = $\frac{y}{6x}$

정답　94 ①　95 ③　96 ①　97 ④　98 ②

99 다음은 수산화 나트륨 수용액(NaOH(aq))에 관한 실험이다.

(가) 2M NaOH(aq) 300ml에 물을 넣어 1.5M NaOH(aq) $x$ml를 만든다.
(나) 2M NaOH(aq) 200ml에 NaOH(s) yg과 물을 넣어 2.5M NaOH(aq) 400ml를 만든다.
(다) (가)에서 만든 수용액과 (나)에서 만든 수용액을 모두 혼합하여 zM NaOH(aq)을 만든다.

$y\times\frac{z}{x}$는? (단, NaOH의 화학식량은 40이고, 온도는 일정하며, 혼합 용액의 부피는 혼합 전 각 용액의 부피의 합과 같다.)

① 12/25 ② 9/25 ③ 6/25
④ 3/25 ⑤ 1/25

풀이

(가) 2M × 300mL = 1.5M × x mL
x = 400mL

(나) $\frac{2mol}{L}\times0.2L+y\,g\times\frac{mol}{40g}=\frac{2.5mol}{L}\times0.4L$
y = 24

(다) 1.5M × 400 mL + 2.5M × 400mL = z M × 800mL
z = 2

∴ x = 400, y = 24, z = 2이므로 $\frac{y\times z}{x}=\frac{24\times2}{400}=\frac{3}{25}$이다.

100 다음은 서로 다른 농도의 A(aq)을 혼합하여 2m A(aq)을 만들기 위해 1M A(aq) 10mL와 20% A(aq) xg을 넣어 혼합하였다. x는 얼마인가?(단, A의 화학식량은 100이고 t℃에서 1M A(aq)의 밀도는 1.1g/mL이다. 온도는 일정하다.)

① 25 ② 30
③ 35 ④ 40

풀이

$m=\frac{\text{용질의 }mol}{\text{용매 }kg}$

1M A(aq) 10mL의 용질 mol = 1M × 0.01L = 0.01mol
1M A(aq) 10mL의 용질 g = 0.01mol × 100g/mol = 1g
1M A(aq) 10mL의 용매 kg = $\left(\frac{1.1g}{mL}\times10mL-1g\right)\times\frac{kg}{1000g}=0.01kg$
20% A(aq) xg의 용질 mol = $x\,g\times\frac{20}{100}\times\frac{mol}{100g}=0.002x\,mol$
20% A(aq) xg의 용매 kg = $\frac{(x-0.2x)}{1000}$ = 0.0008$x$kg

주어진 농도가 2m이므로

$$2=\frac{0.01+0.002x}{0.01+0.0008x}$$

$0.02 + 0.0016x = 0.01 + 0.002x$

$0.01 = 0.0004x$

$x = 25$g

101 **다음은 25℃의 물이 담긴 비커에 충분한 양의 설탕을 넣고 유리 막대로 저어주며 설탕 수용액의 몰농도를 측정한 결과이다.**

시간	t	4t	8t
고체 설탕	남음	남음	남음
설탕 수용액의 몰 농도(M)	2a/3	a	

4t일 때 설탕 수용액은 용해평형에 도달하였을 때 이에 대한 설명으로 옳은 것만을 〈보기〉에서 있는 대로 고른 것은? (단, 온도는 25℃로 일정하고, 물의 증발은 무시한다.)

보기

ㄱ. t일 때 설탕의 석출속도는 0이다.
ㄴ. 4t일 때 설탕의 용해속도는 석출속도보다 크다.
ㄷ. 녹지 않고 남아 있는 설탕의 질량은 4t일 때와 8t일 때가 같다.

① ㄴ ② ㄷ
③ ㄱ, ㄴ ④ ㄱ, ㄷ

풀이

ㄱ. t에서 용해평형에 도달하지 않았으므로 용해속도 > 석출속도이다. 석출속도는 0이 아니다.
ㄴ. 4t일 때 용해평형에 도달하였으므로 설탕의 용해속도는 석출속도와 같다.

정답 99 ④ 100 ① 101 ②

102 다음은 0.3M의 A 수용액을 만들기 위해 xg을 250mL 부피플라스크에 녹였다. 이 중 50mL를 분취하여 500mL 부피플라스크에 넣고 눈금까지 증류수로 채워 0.3M의 A 수용액을 만들었다. x는? (단, A의 화학식량은 60이고, 온도는 25℃로 일정하다.)

① 9 ② 18
③ 30 ④ 45

풀이

xg을 녹여 250mL를 만들고 이 중 50mL를 분취했을 때 포함된 mol수와 0.3M 500mL 안에 들어 있는 mol수는 같다.

$$\frac{xg \times \frac{mol}{60g}}{0.25L} \times 0.05L = \frac{0.3mol}{L} \times 0.5L$$

∴ x = 45g

103 표는 4가지 물질에 대한 자료이다.

물질	HF	NO	O_2	Cl_2
분자량	20	30	32	71
기준 끓는점(℃)	20	−152	−183	−34

이에 대한 설명으로 옳은 것만을 〈보기〉에서 있는 대로 고른 것은?

보기
ㄱ. 액체 상태에서 분산력은 Cl_2가 O_2보다 크다.
ㄴ. NO가 O_2보다 기준 끓는점이 높은 이유는 NO 분자 사이에 쌍극자−쌍극자 힘이 존재하기 때문이다.
ㄷ. 액체 상태에서 분자 사이의 인력이 가장 큰 것은 HF이다.

① ㄱ ② ㄴ
③ ㄱ, ㄷ ④ ㄱ, ㄴ, ㄷ

풀이

ㄱ. 기준 끓는점이 Cl_2가 O_2보다 높으므로 무극성분자에 작용하는 분산력은 Cl_2가 O_2보다 크다.
ㄴ. 분자량이 비슷할 때 극성분자의 결합력이 무극성분자보다 크다. 이는 극성분자에 쌍극자−쌍극자 힘이 존재하기 때문으로 NO(극성분자)가 O_2(무극성분자)보다 기준 끓는점이 높다.
ㄷ. 끓는점이 가장 높고 수소결합을 이루므로 HF가 분자 사이의 인력이 가장 크다.

104 밀도가 1.08g/mL인 1.2M 포도당($C_6H_{12}O_6$) 수용액 0.5L가 있다. 이 수용액에 X를 ag 추가한 후 평형에 도달한 수용액의 농도는 18wt%이다. X는 $C_6H_{12}O_6$ (s)과 H_2O(l) 중 하나이다. X와 a는? (단, $C_6H_{12}O_6$ 의 분자량은 180이다.)

① X : H_2O(l), a : 40　　② X : H_2O(l), a : 60
③ X : $C_6H_{12}O_6$(s), a : 20　　④ X : $C_6H_{12}O_6$(s), a : 40

풀 이

퍼센트 농도(%) $= \frac{\text{용질의 질량}(g)}{\text{용액의 질량}(g)} \times 100$

몰농도(M) $= \frac{\text{용질의 양}(mol)}{\text{용액의 부피}(L)}$

- 1.2M 포도당($C_6H_{12}O_6$) 수용액 0.5L

  용액 질량 : $500mL \times \frac{1.08g}{mL} = 540g$

  용질 질량 : $\frac{1.2mol}{L} \times 0.5L \times \frac{180g}{mol} = 108g$

  %농도 $= \frac{108g}{540g} \times 100 = 20\%$

  18%를 만들기 위해서는 H_2O(l)을 추가해야 한다.
- 18wt%를 만들기 위해 추가해야 할 H_2O(l)의 양

  $18 = \frac{108g}{540g + a} \times 100$

  a = 60g

정 답 102 ④ 103 ④ 104 ②

이찬범 화학

단원별 기출문제집

에너지와 화학평형

에너지와 화학평형

01 $CH_3COOH \rightarrow CH_3COO^- + H^+$의 반응식에서 평형상수 K는 다음과 같다. K값을 변화시키기 위한 조건으로 옳은 것은?

$$K = [CH_3COO^-][H^+]/[CH_3COOH]$$

① 온도를 변화시킨다.
② 압력을 변화시킨다.
③ 농도를 변화시킨다.
④ 촉매 양을 변화시킨다.

풀 이
평형상수는 온도에 의해서만 변화한다.

02 25℃에서 $Cd(OH)_2$ 염의 몰용해도는 1.5×10^{-5}mol/L이다. $Cd(OH)_2$염의 용해도 곱상수 Ksp를 구하면 약 얼마인가?

① 1.35×10^{-14}
② 1.35×10^{-12}
③ 1.35×10^{-10}
④ 1.35×10^{-8}

풀 이
$Cd(OH)_2 \rightarrow Cd^{2+} + 2OH$
$Ksp = [Cd^{2+}] \times [OH^-]^2$
$[Cd^{2+}] : [OH^-] = 1 : 2$이므로
$Ksp = [1.5 \times 10^{-5}] \times [2 \times 1.5 \times 10^{-5}]^2 = 1.35 \times 10^{-14}$

03 다음 화학반응식 중 실제로 반응이 오른쪽으로 진행되는 것은?

① $2KI + F_2 \rightarrow 2KF + I_2$
② $2KBr + I_2 \rightarrow 2KI + Br_2$
③ $2KF + Br_2 \rightarrow 2KBr + F_2$
④ $2KCl + Br_2 \rightarrow 2KBr + Cl_2$

풀 이
17족 할로겐류의 반응성: F > Cl > Br > I

04 다음 중 침전을 형성하는 조건은?

① 이온곱 > 용해도곱
② 이온곱 = 용해도곱
③ 이온곱 < 용해도곱
④ 이온곱 + 용해도곱 = 1

풀 이

① 이온곱 > 용해도곱 : 침전형성, 과포화
② 이온곱 = 용해도곱 : 포화
③ 이온곱 < 용해도곱 : 불포화

05 다음의 반응 중 평형상태가 압력의 영향을 받지 않는 것은?

① $N_2 + O_2 \rightleftarrows 2NO$
② $NH_3 + HCl \rightleftarrows NH_4Cl$
③ $2CO + O_2 \rightleftarrows 2CO_2$
④ $2NO_2 \rightleftarrows N_2O_4$

풀 이

압력에 의한 평형을 이동은 반응물의 몰수 합과 생성물의 몰수 합에 차이가 있어야 한다.

06 다음과 같은 반응에서 평형을 왼쪽으로 이동시킬 수 있는 조건은?

$$A_2(g) + 2B_2(g) \rightleftarrows 2AB_2(g) + \text{열}$$

① 압력 감소, 온도 감소
② 압력 증가, 온도 증가
③ 압력 감소, 온도 증가
④ 압력 증가, 온도 감소

풀 이

반응물의 몰수 > 생성물의 몰수 : 압력을 감소시키면 몰수가 증가하는 방향인 왼쪽으로 평형이 이동한다.
정반응 발열반응 : 온도를 증가시키면 온도가 감소하는 역반응으로 평형이 이동한다.

정 답 01 ① 02 ① 03 ① 04 ① 05 ① 06 ③

07 물이 브뢴스테드 산으로 작용한 것은?

① $HCl + H_2O \rightleftarrows H_3O^+ + Cl^-$

② $HCOOH + H_2O \rightleftarrows HCOO^- + H_3O^+$

③ $NH_3 + H_2O \rightleftarrows NH_4^+ + OH^-$

④ $3Fe + 4H_2O \rightleftarrows Fe_3O_4 + 4H_2$

풀 이

브뢴스테드의 산: H^+(양성자)를 내어주는 물질
브뢴스테드의 염기: H^+(양성자)를 받는 물질

08 다음 반응식을 이용하여 구한 $SO_2(g)$의 몰 생성열은?

$$S(s) + 1.5O_2(g) \rightarrow SO_3(g) \quad \triangle H_0 = -94.5kcal$$
$$2SO_2(g) + O_2(g) \rightarrow 2SO_3(g) \quad \triangle H_0 = -47kcal$$

① $-71kcal$　　② $-47.5kcal$

③ $71kcal$　　④ $47.5kcal$

풀 이

$S(s) + 1.5O_2(g) \rightarrow SO_3(g)$ $\triangle H_0 = -94.5kcal$ … ①
$2SO_2(g) + O_2(g) \rightarrow 2SO_3(g)$ $\triangle H_0 = -47kcal$ … ②
① × 2 − ②를 하면
$2S(s) + 2O_2(g) \rightarrow 2SO_2(g)$ $\triangle H = -142kcal$
1mol을 기준으로 계산하면 $-142/2 = -71kcal$

09 AgCl의 용해도는 0.0287g/L이다. 이 AgCl의 용해도곱(solubility product)은 약 얼마인가? (단, 원자량은 각각 Ag : 108, Cl : 35.5이다.)

① 4×10^{-8}　　② 2×10^{-8}

③ 4×10^{-4}　　④ 2×10^{-4}

풀 이

$AgCl \rightleftarrows Ag^+ + Cl^-$
$Ksp = [Ag^+][Cl^-]$
$\frac{0.0287g}{L} \times \frac{mol}{143.5g} = 2 \times 10^{-4}M$
1 : 1 : 1 이므로 $K_{sp} = [2 \times 10^{-4}][2 \times 10^{-4}] = 4 \times 10^{-8}$

10

0.1M A용액의 해리도를 구하면 약 얼마인가? (단, A의 해리상수는 1.0×10^{-5}이다.)

① 1.0×10^{-6}　② 1.0×10^{-4}
③ 1.0×10^{-5}　④ 1.0×10^{-2}

풀 이

약산의 해리도

$$a=\sqrt{\frac{K_a}{C}}=\sqrt{\frac{1.0\times10^{-5}}{0.1}}=1.0\times10^{-2}$$

(α : 해리도, K_a : 해리상수, c : mol 농도)

11

다음과 같은 기체가 일정한 온도에서 반응을 하고 있다. 평형에서 기체 A, B, C가 각각 1몰, 2몰, 4몰이라면 평형상수 K의 값은 얼마인가?

A + 3B → 2C + 열

① 0.5　② 2
③ 3　④ 4

풀 이

A + 3B → 2C + 열

$$K=\frac{[C]^2}{[A][B]^3}=\frac{4^2}{1\times2^3}=2$$

PART 06

정답 07 ③ 08 ① 09 ① 10 ④ 11 ②

12 수소와 질소로 암모니아를 합성하는 화학반응식은 다음과 같다. 암모니아의 생성률을 높이기 위한 조건은?

$$N_2 + 3H_2 \rightarrow 2NH_3 + 22.1kcal$$

① 온도와 압력을 낮춘다.
② 온도는 낮추고, 압력은 높인다.
③ 온도를 높이고, 압력은 낮춘다.
④ 온도와 압력을 높인다.

풀이
반응물의 몰수 > 생성물의 몰수: 압력을 증가시키면 몰수가 감소하는 방향인 오른쪽으로 평형이 이동한다.
정반응 발열반응: 온도를 감소시키면 온도가 증가하는 정반응으로 평형이 이동한다.

13 0.01N CH_3COOH의 전리도가 0.01이면 pH는 얼마인가?

① 2 ② 4
③ 6 ④ 8

풀이

	CH_3COOH	→	CH_3COO^-	+	H^+
반응 전	0.01		0		0
반응 후	$0.01 - 0.01 \times 0.01$		0.01×0.01		0.01×0.01

1가로 N = M이므로 $pH = -\log[H^+] = -\log[0.01 \times 0.01] = 4$

14 다음 중 물이 산으로 작용하는 반응은?

① $NH_4^+ + H_2O \rightarrow NH_3 + H_3O^+$
② $HCOOH + H_2O \rightarrow HCOO^- + H_3O^+$
③ $CH_3COO^- + H_2O \rightarrow CH_3COOH + OH^-$
④ $HCl + H_2O \rightarrow H_3O^+ + Cl^-$

풀이
브뢴스테드의 산과 염기
산: H^+를 내어 놓는 물질
염기: H^+를 받아들이는 물질
H_2O가 H^+를 내어 놓고 OH^-가 되므로 브뢴스테드의 산이다.

15 **질산칼륨을 물에 용해시키면 용액의 온도가 떨어진다. 다음 사항 중 옳지 않은 것은?**

① 용해시간과 용해도는 무관하다.
② 질산칼륨의 용해 시 열을 흡수한다.
③ 온도가 상승할수록 용해도는 증가한다.
④ 질산칼륨 포화용액을 냉각시키면 불포화용액이 된다.

풀 이

④ 질산칼륨 포화용액을 냉각시키면 과포화용액이 된다. 질산칼륨의 용해반응은 흡열반응으로 온도가 증가할수록 용해도는 커진다.

16 **0℃의 얼음 20g을 100℃의 수증기로 만드는 데 필요한 열량은? (단, 융해열은 80cal/g, 기화열은 539cal/g이다.)**

① 3,600cal　　② 11,600cal
③ 12,380cal　　④ 14,380cal

풀 이

0℃의 얼음 → 0℃의 물 : 20g × 80cal/g = 1,600cal
0℃의 물 → 100℃ 물 : 20g × 1cal/g℃ × (100 − 0)℃ = 2,000cal
100℃ 물 → 100℃ 수증기 : 20g × 539cal/g = 10,780cal
∴ 1600 + 2000 + 10780 = 14380cal

17 **다음 중 완충용액에 해당하는 것은?**

① CH_3COONa와 CH_3COOH　　② NH_4Cl와 HCl
③ CH_3COONa와 $NaOH$　　④ $HCOONa$와 Na_2SO_4

풀 이

완충용액
- 소량의 산이나 염기를 첨가하더라도 pH가 크게 변하지 않는 용액을 의미한다.
- 약산과 그 약산의 짝염기, 약염기와 그 약염기의 짝산이 섞여 있는 수용액으로 만든다.

예
- 약산에 그 짝염기가 포함된 염을 넣어 만든 용액
  CH_3COOH(약산) + CH_3COONa(약산의 짝염기) 용액
  HCOOH(약산) + HCOONa(약산의 짝염기) 용액
- 약염기에 그 짝산이 포함된 염을 넣어 만든 용액
  NH_3(약염기) + NH_4Cl(약염기의 짝산) 용액

정답 12 ② 13 ② 14 ③ 15 ④ 16 ④ 17 ①

18 지시약으로 사용되는 페놀프탈레인 용액은 산성에서 어떤 색을 띠는가?

① 적색
② 청색
③ 무색
④ 황색

풀이

지시약	변색범위(pH)	색깔		
		산성	중성	염기성
메틸오렌지	3.1~4.4	붉은색	노란색	노란색
브로모티몰블루	6.0~7.6	노란색	녹색	푸른색
페놀프탈레인	8.2~10	무색	무색	붉은색

19 다음 반응에서 평형을 오른쪽으로 이동시킬 수 있는 방법으로 옳은 것만을 모두 고르면?

2024년 지방직9급

$$N_2(g) + 3H_2(g) \rightleftarrows 2NH_3(g) \quad \triangle H = -92kJ$$

ㄱ. 온도를 낮춘다.
ㄴ. 정촉매를 사용한다.
ㄷ. 압력을 감소시킨다.
ㄹ. N_2의 농도를 증가시킨다.

① ㄱ, ㄷ
② ㄱ, ㄹ
③ ㄴ, ㄹ
④ ㄷ, ㄹ

풀이

ㄱ. 온도를 낮춘다. : 정반응이 발열반응이므로 온도를 낮추면 온도가 증가하는 방향인 정반응으로 평형이 이동한다.
ㄴ. 정촉매를 사용한다. : 촉매는 평형의 이동과 관련이 없다.
ㄷ. 압력을 감소시킨다. : 압력을 감소시키면 부피가 증가하며 몰수가 증가하는 방향으로 평형이 이동하므로 역반응으로 평형이 이동한다.
ㄹ. N_2의 농도를 증가시킨다. : 반응물의 농도가 증가하면 반응물의 농도가 감소하는 정반응으로 평형이 이동한다.

20 다음은 700K에서 $H_2(g)$와 $I_2(g)$가 반응하여 HI(g)가 생성되는 평형 반응식과 평형상수(K_c)이다. 평형상태에서 10L 반응기에 들어있는 $H_2(g)$와 $I_2(g)$의 몰수가 각각 1mol과 2mol일 때, HI(g)의 농도[M]는? (단, 기체는 이상기체이다.) 2024년 지방직9급

$$H_2(g) + I_2(g) \rightleftarrows 2HI(g) \quad K_c = 60.5$$

① 1.0
② 1.1
③ 10
④ 11

풀이

평형상태에서의 H_2 1mol/10L = 0.1M, I_2 2mol/10L = 0.2M

화학평형상수 $K_c = \frac{[HI]^2}{[H_2][(I_2]} = 60.5$

$\frac{[HI]^2}{[0.1][(0.2]} = 60.5 \rightarrow [HI]^2 = 1.21$

∴ HI = 1.1M

21 일정한 압력과 온도에서 어떤 화학반응의 $\triangle H = 200\ kJ\ mol^{-1}$이고 $\triangle S = 500\ J\ mol^{-1}K^{-1}$일 때, 자발적 반응이 일어나는 온도[K]는? (단, H는 엔탈피이고 S는 엔트로피이며 온도에 따른 △H와 △S의 값은 일정하다.) 2024년 지방직9급

① 360
② 390
③ 420
④ 온도와 무관하다.

풀이

$\triangle G = \triangle H - T\triangle S$이며 $\triangle G < 0$일 때 자발적인 반응이 일어난다.
$\triangle G = 200 - T \times 0.5$이며 보기 중 $\triangle G < 0$인 경우는 420K일 때이다.
※ $\triangle S = 500J\ mol^{-1}K^{-1} = 0.5kJ\ mol^{-1}K^{-1}$이며 단위에 주의해야 한다.

정답 18 ③ 19 ② 20 ② 21 ③

22 다음은 25℃, 표준상태에서 일어나는 열화학 반응이다. 25℃에서 $C_2H_2(g)$의 표준 연소열($\triangle$Ho)[kcal]은?

2024년 지방직9급

$H_2(g) + \frac{1}{2}O_2(g) \rightarrow H_2O(l)$ $\triangle H^o = -68$ kcal
$C(s) + O_2(g) \rightarrow CO_2(g)$ $\triangle H^o = -98$ kcal
$2C(s) + H_2(g) \rightarrow C_2H_2(g)$ $\triangle H^o = 59$ kcal

① −323
② −225
③ −205
④ −107

풀이

$H_2(g) + \frac{1}{2}O_2(g) \rightarrow H_2O(l)$ $\triangle H^o = -68$ kcal …… ①
$2C(s) + 2O_2(g) \rightarrow 2CO_2(g)$ $\triangle H^o = -98 \times 2$ kcal …… ② × 2
$C_2H_2(g) \rightarrow 2C(s) + H_2(g)$ $\triangle H^o = -59$ kcal …… ③
① + (② × 2) + (−③)을 하면
$C_2H_2(g) + 2.5O_2(g) \rightarrow 2CO_2(g) + H_2O(l)$ $\triangle H^o = -323$ kcal

23 일정한 온도와 압력에서 10mol의 전자가 전위차 1.5V인 전지에서 가역적으로 이동할 때, $|\triangle G|$[kJ]는? (단, G는 Gibbs 에너지이고, Faraday상수는 96,000C mol^{-1}이다.)

2024년 지방직9급

① 1.44×10^{-3}
② 1.44
③ 1.44×10^{3}
④ 1.44×10^{6}

풀이

$\triangle G = -nFE$
(n : 전자의 mol수(mol), F : 패러데이상수(C/mol), E : 기전력(V, V = J/C))
$\triangle G$: Gibbs 에너지(J 또는 J/mol)
$\triangle G = -10mol \times 96500C/mol \times 1.5V(J/C) = -1447500J = -1447.5kJ$
$|\triangle G|$를 구하면 1.44×10^3kJ이 된다.

24 다음 열화학 반응식에 대한 설명으로 옳지 않은 것은? (단, C, H, O의 원자량은 각각 12, 1, 16이다.)

2023년 지방직9급

$$C_2H_5OH(l) + 3O_2(g) \rightarrow 2CO_2(g) + 3H_2O(l) \quad \triangle H = -1371kJ$$

① 주어진 열화학 반응식은 발열 반응이다.

② CO_2 4mol과 H_2O 6mol이 생성되면 2742kJ의 열이 방출된다.

③ C_2H_5OH 23g이 완전 연소되면 H_2O 27g이 생성된다.

④ 반응물과 생성물이 모두 기체 상태인 경우에도 △H는 동일하다.

풀이

반응물과 생성물이 모두 기체 상태인 경우에도 △H는 달라진다. C_2H_5OH와 H_2O의 기화에너지가 추가되어야 한다.

25 298K에서 다음 반응에 대한 계의 표준 엔트로피 변화(△S°)는? (단, 298K에서 $N_2(g)$, $H_2(g)$, $NH_3(g)$의 표준 몰 엔트로피[J $mol^{-1}K^{-1}$]는 각각 191.5, 130.6, 192.5이다.)

2023년 지방직9급

$$N_2(g) + 3H_2(g) \rightarrow 2NH_3(g)$$

① −129.6

② 129.6

③ −198.3

④ 198.3

풀이

엔트로피 변화(△S)는 최종 상태의 엔트로피($S_{최종}$)에서 초기 상태의 엔트로피($S_{초기}$)를 뺀 값으로 나타낸다.

$2 \times 192.5 - (191.5 + 3 \times 130.6) = -198.3$

PART 06

정답 22 ① 23 ③ 24 ④ 25 ③

26 **다음은 평형에 놓여있는 화학 반응이다. 이에 대한 설명으로 옳은 것은?** 2023년 지방직9급

$$SnO_2(s) + 2CO(g) \rightleftarrows Sn(s) + 2CO_2(g)$$

① 반응 용기에 SnO_2를 더 넣어주면 평형은 오른쪽으로 이동한다.

② 평형상수(K_c)는 $\frac{[CO_2]^2}{[CO]^2}$이다.

③ 반응 용기의 온도를 일정하게 유지하면서 CO의 농도를 증가시키면 평형 상수(K_c)는 증가한다.

④ 반응 용기의 부피를 증가시키면 생성물의 양이 증가한다.

풀 이

① 반응 용기에 SnO_2는 고체로 평형에 영향을 주지 않는다.
③ 반응 용기의 온도를 일정하게 유지하면서 평형상수(K_c)는 변하지 않는다.
④ 반응 용기의 부피변화(압력변화)는 반응계수가 같으므로 평형에 영향을 주지 않는다.

27 **$CaCO_3(s)$가 분해되는 반응의 평형 반응식과 온도 T에서의 평형상수(K_p)이다. 이에 대한 설명으로 옳은 것만을 〈보기〉에서 모두 고르면? (단, 반응은 온도와 부피가 일정한 밀폐 용기에서 진행된다.)** 2022년 지방직9급

$$CaCO_3(s) \rightleftarrows CaO(s) + CO_2(g) \qquad K_p = 0.1$$

보기

ㄱ. 온도 T의 평형 상태에서 $CO_2(g)$의 부분 압력은 0.1atm이다.
ㄴ. 평형 상태에 $CaCO_3(s)$를 더하면 생성물의 양이 많아진다.
ㄷ. 평형 상태에서 $CO_2(g)$를 일부 제거하면 $CaO(s)$의 양이 많아진다.

① ㄱ, ㄴ
② ㄱ, ㄷ
③ ㄴ, ㄷ
④ ㄱ, ㄴ, ㄷ

풀 이

$CaCO_3$는 고체이므로 평형에 영향을 미치지 않는다.

28

25℃, 1atm에서 메테인(CH_4)이 연소되는 반응의 열화학 반응식과 4가지 결합의 평균 결합 에너지이다. 제시된 자료로부터 구한 a는? 2022년 지방직9급

$$CH_4(g) + 2O_2(g) \rightarrow CO_2(g) + 2H_2O(g) \quad \Delta H = a \text{ kcal}$$

결합	C－H	O＝O	C＝O	O－H
평균 결합 에너지[kcal mol^{-1}]	100	120	190	110

① －180
② －40
③ 40
④ 180

풀이

반응물의 결합 에너지 : 4(C － H) + 2(O = O) = 4 × 100 + 2 × 120 = 640
생성물의 결합 에너지 : 2(C = O) + 2 × 2(O － H) = 2 × 190 + 2 × 2 × 110 = 820
△H = (끊어지는 결합 에너지의 합) － (생성되는 결합 에너지의 합)
= (반응물의 결합 에너지 합) － (생성물의 결합 에너지 합) = 640 － 820 = －180[kcal mol^{-1}]

PART 06

29

0.1M $CH_3COOH(aq)$ 50mL를 0.1M $NaOH(aq)$ 25mL로 적정할 때, 알짜 이온 반응식으로 옳은 것은? (단, 온도는 일정하다.)

① $H_3O^+(aq) + OH^-(aq) \rightarrow 2H_2O(l)$
② $CH_3COOH(aq) + NaOH(aq) \rightarrow CH_3COONa(aq) + H_2O(l)$
③ $CH_3COOH(aq) + OH^-(aq) \rightarrow CH_3COO^-(aq) + H_2O(l)$
④ $CH_3COO^-(aq) + Na^+(aq) \rightarrow CH_3COONa(aq)$

풀이

아세트산과 수산화나트륨의 중화반응－약산과 강염기의 중화반응
아세트산은 약산으로 수용액상태에서 대부분 분자상태로 존재한다.
분자반응식 : $CH_3COOH(aq) + NaOH(aq) \rightarrow CH_3COONa(aq) + H_2O(l)$
이온반응식 : $CH_3COOH(aq) + Na^+(aq) + OH^-(aq) \rightarrow Na^+(aq) + CH_3COO^-(aq) + H_2O(l)$
구경꾼 이온인 Na를 제거한 알짜이온반응식을 만들면
알짜이온반응식 : $CH_3COOH(aq) + OH^-(aq) \rightarrow CH_3COO^-(aq) + H_2O(l)$

정답 26 ② 27 ② 28 ① 29 ③

30 **다음은 밀폐된 용기에서 오존(O_3)의 분해 반응이 평형 상태에 있을 때를 나타낸 것이다. 평형의 위치를 오른쪽으로 이동시킬 수 있는 방법으로 옳지 않은 것은? (단, 모든 기체는 이상 기체의 거동을 한다.)** 2021년 지방직9급

$$2O_3(g) \rightleftarrows 3O_2(g),\ \triangle H° = -284.6kJ$$

① 반응 용기 내의 O_2를 제거한다.
② 반응 용기의 온도를 낮춘다.
③ 온도를 일정하게 유지하면서 반응 용기의 부피를 두 배로 증가시킨다.
④ 정촉매를 가한다.

풀이

촉매는 평형의 이동과 무관하다.
① 반응 용기 내의 생성물을 제거하면 생성물이 많아지는 정반응 쪽으로 평형이 이동한다.
② 정반응이 발열반응인 상태에서 반응 용기의 온도를 낮추면 발열반응인 정반응 쪽으로 평형이 이동한다.
③ 온도를 일정하게 유지하면서 반응 용기의 부피를 두 배로 증가시키면 압력이 감소하여 기체의 몰수가 많은 쪽으로 평형이 이동한다.

31 **일정 압력에서 2몰의 공기를 40℃에서 80℃로 가열할 때, 엔탈피 변화(△H)[J]는? (단, 공기의 정압열용량은 $20Jmol^{-1}℃^{-1}$이다.)** 2020년 지방직9급

① 640 ② 800 ③ 1,600 ④ 2,400

풀이

공기의 정압열용량을 이용하여 산정한다.

$$\frac{20J}{mol℃}\times(80-40)℃\times2mol=1600J$$

32 **단열된 용기 안에 있는 25℃의 물 150g에 60℃의 금속 100g을 넣어 열평형에 도달하였다. 평형 온도가 30℃일 때, 금속의 비열[$Jg^{-1}℃^{-1}$]은? (단, 물의 비열은 $4Jg^{-1}℃^{-1}$이다.)** 2020년 지방직9급

① 0.5 ② 1 ③ 1.5 ④ 2

풀이

물이 얻은 열량 = 금속이 잃은 열량

$$150g\times(30-25)℃\times\frac{4J}{g℃}=100g\times(60-30)℃\times\square\frac{J}{g℃}$$

∴ □ = 1

33 25℃ 표준상태에서 아세틸렌($C_2H_2(g)$)의 연소열이 $-1,300kJmol^{-1}$일 때, C_2H_2의 연소에 대한 설명으로 옳은 것은? 2020년 지방직9급

① 생성물의 엔탈피 총합은 반응물의 엔탈피 총합보다 크다.
② C_2H_2 1몰의 연소를 위해서는 1,300kJ이 필요하다.
③ C_2H_2 1몰의 연소를 위해서는 O_2 5몰이 필요하다.
④ 25℃의 일정 압력에서 C_2H_2이 연소될 때 기체의 전체 부피는 감소한다.

풀이

연소열은 어떤 물질 1몰이 완전연소할 때 발생하는 열량으로 연소반응은 발열반응이므로 연소열($\triangle H$)는 (−) 값을 가진다.
반응엔탈피 = 생성물의 엔탈피의 합 − 반응물의 엔탈피의 합
① 발열반응이므로 반응물의 엔탈피 총합은 생성물의 엔탈피 총합보다 크다.
② C_2H_2 1몰의 연소시 1,300kJ이 방출된다.
③ C_2H_2 1몰의 연소를 위해서는 O_2 2.5몰이 필요하다.
$C_2H_2 + 2.5O_2 \rightarrow 2CO_2 + H_2O$
④ 25℃의 일정 압력에서 C_2H_2이 연소될 때 기체의 전체 부피는 감소한다.
3.5부피 → 3부피

34 $CH_2O(g) + O_2(g) \rightarrow CO_2(g) + H_2O(g)$ 반응에 대한 $\triangle H°$값[kJ]은? 2019년 지방직9급

$CH_2O(g) + H_2O(g) \rightarrow CH_4(g) + O_2(g)$: $\triangle H° = +275.6kJ$ $CH_4(g) + 2O_2(g) \rightarrow CO_2(g) + 2H_2O(l)$: $\triangle H° = -890.3kJ$ $H_2O(g) \rightarrow H_2O(l)$: $\triangle H° = -44.0kJ$

① −658.7
② −614.7
③ −570.7
④ −526.7

풀이

$CH_2O(g) + H_2O(g) \rightarrow CH_4(g) + O_2(g)$: $\triangle H° = +275.6kJ$
$CH_4(g) + 2O_2(g) \rightarrow CO_2(g) + 2H_2O(l)$: $\triangle H° = -890.3kJ$
$2H_2O(l) \rightarrow 2H_2O(g)$: $\triangle H° = +2 \times 44.0kJ$
위의 반응을 합하면
$CH_2O(g) + O_2(g) \rightarrow CO_2(g) + H_2O(g)$: $\triangle H° = -526.7kJ$

정답 30 ④ 31 ③ 32 ② 33 ④ 34 ④

35 다음 열화학 반응식에 대한 설명으로 옳지 않은 것은?

2019년 지방직9급

$$2Mg(s) + O_2(g) \rightarrow 2MgO(s) \qquad \triangle H° = -1204kJ$$

① 산-염기 중화 반응
② 결합 반응
③ 산화-환원 반응
④ 발열 반응

풀이

산-염기 중화 반응은 산과 염기가 만나 물과 염을 형성하는 반응이다.

36 아세트산(CH_3COOH)과 사이안화수소산(HCN)의 혼합 수용액에 존재하는 염기의 세기를 작은 것부터 순서대로 바르게 나열한 것은? (단, 아세트산이 사이안화수소산보다 강산이다.)

2019년 지방직9급

① $CH_3COO^- < H_2O < CN^-$
② $CN^- < CH_3COO^- < H_2O$
③ $H_2O < CN^- < CH_3COO^-$
④ $H_2O < CH_3COO^- < CN^-$

풀이

강산의 짝염기는 약염기이고 약산의 짝염기는 강염기이다.
산의 세기가 강할수록 짝염기의 세기는 약해지고 산의 세기가 약할수록 짝염기의 세기는 강하다.
아세트산이 사이안화수소산보다 강산이므로 H_2O는 가장 작은 약염기이다.

CH_3COOH	+	H_2O	$\rightleftarrows$	CH_3COO^-	+	H_3O^+
약산		약염기		강염기		강산
산의 세기	$CH_3COOH < H_3O^+$			염기의 세기	$CH_3COO^- > H_2O$	

HCN	+	H_2O	$\rightleftarrows$	CN^-	+	H_3O_+
약산		약염기		강염기		강산
산의 세기	$HCN < H_3O^+$			염기의 세기	$CN^- > H_2O$	

37 다음 평형 반응식의 평형상수 K값의 크기를 순서대로 바르게 나열한 것은? 2018년 지방직9급

> ㉠ $H_3PO_4(aq) + H_2O(l) \rightleftarrows H_2PO_4^-(aq) + H_3O^+(aq)$
> ㉡ $H_2PO_4^-(aq) + H_2O(l) \rightleftarrows HPO_4^{2-}(aq) + H_3O^+(aq)$
> ㉢ $HPO_4^{2-}(aq) + H_2O(l) \rightleftarrows PO_4^{3-}(aq) + H_3O^+(aq)$

① ㉠ > ㉡ > ㉢ ② ㉠ = ㉡ = ㉢
③ ㉡ > ㉢ > ㉠ ④ ㉢ > ㉡ > ㉠

풀 이

다양성자성 산의 평형에서 HA^-가 주된 화학종인 경우 $pK_1 < pK_2 < pK_3$ 이다.
인산은 3가산인 다양성자성 산으로 3단계에 걸쳐 이온화되며 $K_1 \gg K_2 > K_3$이 된다.
$K_1 = 7.5 \times 10^{-3}$ $K_2 = 6.2 \times 10^{-8}$ $K_3 = 4.8 \times 10^{-13}$

38 다음 반응은 500°C에서 평형상수 K = 48이다.

> $H_2(g) + I_2(g) \rightleftarrows 2HI(g)$

같은 온도에서 10L 용기에 H_2 0.01mol, I_2 0.03mol, HI 0.02mol로 반응을 시작하였다. 이 때, 반응 지수 Q의 값과 평형을 이루기 위한 반응의 진행 방향으로 옳은 것은? 2017년 지방직9급

① Q = 1.3, 왼쪽에서 오른쪽 ② Q = 13, 왼쪽에서 오른쪽
③ Q = 1.3, 오른쪽에서 왼쪽 ④ Q = 13, 오른쪽에서 왼쪽

풀 이

$$Q = \frac{[HI]^2}{[H_2][I_2]} = \frac{[0.02]^2}{[0.01][0.03]} = 1.3$$

불포화상태로 반응은 왼쪽에서 오른쪽으로 진행된다.

반응의 진행 방향

- 반응지수(Q) : 현재 농도를 화학평형상수식에 대입하여 산정한 값을 의미한다.
  현재상태의 농도 대입→$Q = \frac{[C]^c[D]^d}{[A]^a[B]^b}$
  평형상태의 농도를 대입→$K = \frac{[C]^c[D]^d}{[A]^a[B]^b}$
- Q(현재) < K(평형) : 정반응으로 반응이 진행된다.
- Q(현재) = K(평형) : 평형상태이다.
- Q(현재) > K(평형) : 역반응으로 반응이 진행된다.

정 답 35 ① 36 ④ 37 ① 38 ①

39 0.100M CH_3COOH($Ka = 1.8 \times 10^{-5}$) 수용액 20.0mL에 0.100M NaOH 수용액 10.0mL를 첨가한 후, 용액의 pH를 구하면? (단, log1.80 = 0.255이다.) 2017년 지방직9급

① 2.875

② 4.745

③ 5.295

④ 7.875

풀이

1) CH_3COOH의 mol = 0.1mol/L × 0.02L = 0.002mol
2) NaOH의 mol = 0.1mol/L × 0.01L = 0.001mol
3) CH_3COONa의 mol = 0.001mol
$CH_3COOH + NaOH \rightarrow CH_3COONa + H_2O$
4) 남은 CH_3COOH의 mol = 0.001mol/L
5) pH산정

$\therefore pH = pKa + \log\frac{염}{산}$, $pH = -\log(1.8 \times 10^{-5}) + \log\frac{0.001}{0.001} = 4.745$

40 다음 반응에 대한 평형상수는? 2016년 지방직9급

$$2CO(g) \rightleftarrows CO_2(g) + C(s)$$

① $K = \frac{[CO_2]}{[CO]^2}$

② $K = \frac{[CO]^2}{[CO_2]}$

③ $\frac{K = [CO_2][C]}{[CO]^2}$

④ $K = \frac{[CO]^2}{[CO_2][C]}$

풀 이

순수한 고체나 액체는 농도가 거의 일정하여 상수 취급하므로 평형상수식에서는 제외시킨다.

평형상수

- 화학평형상수는 반응물의 몰 농도의 곱에 대한 생성물의 몰농도의 곱으로 표현하며 온도가 일정한 경우 그 값은 변하지 않는다.

  aA + bB ⇄ cC + dD

  $K = \dfrac{[C]^c[D]^d}{[A]^a[B]^b}$ ([A], [B], [C], [D] : 평형 상태에서 각 물질의 농도)
- 화학평형상수는 단위를 표시하지 않는다.
- 일정한 온도에서는 농도에 관계 없이 일정한 값을 갖는다.
- 용매나 고체의 경우 화학평형상수식에 포함하지 않는다.
- 기체의 반응인 경우 부분압력을 이용하여 평형상수를 나타내기도 한다(부분압력과 농도가 비례).
- 평형상수가 1보다 큰 경우 정반응이 우세하여 생성물의 반응물보다 많다.
- 평형상수가 1보다 작은 경우 역반응이 우세하여 반응물이 생성물보다 많다.
- 정반응의 평형 상수가 K라면 역반응의 평형 상수는 $\dfrac{1}{K}$이다.

PART 06

41 온도가 400K이고 질량이 6.0kg인 기름을 담은 단열 용기에 온도가 300K이고 질량이 1.0kg인 금속공을 넣은 후 열평형에 도달했을 때, 금속공의 최종 온도[K]는? (단, 용기나 주위로 열 손실은 없으며, 금속공과 기름의 비열[J/(kg · K)]은 각각 1.0과 0.50로 가정한다.) 2016년 지방직9급

① 350

② 375

③ 400

④ 450

풀 이

온도 변화 시 열량 Q = cm△T [c : 물체의 비열, m : 물체의 질량, △T : 온도변화(K)]

1) 기름이 잃은 열량 Q1 = 0.5 × 6 × (400 − t)

2) 금속공이 얻은 열량 Q2 = 1 × 1 × (t − 300)

Q1 = Q2이므로

∴ t = 375K

정답 39 ② 40 ① 41 ②

42 다음 그림은 어떤 반응의 자유에너지 변화(ΔG)를 온도(T)에 따라 나타낸 것이다. 이에 대한 설명으로 옳은 것만을 모두 고른 것은? (단, ΔH는 일정하다.) 2016년 지방직9급

> ㄱ. 이 반응은 흡열반응이다.
> ㄴ. T_1보다 낮은 온도에서 반응은 비자발적이다.
> ㄷ. T_1보다 높은 온도에서 반응의 엔트로피 변화(ΔS)는 0보다 크다.

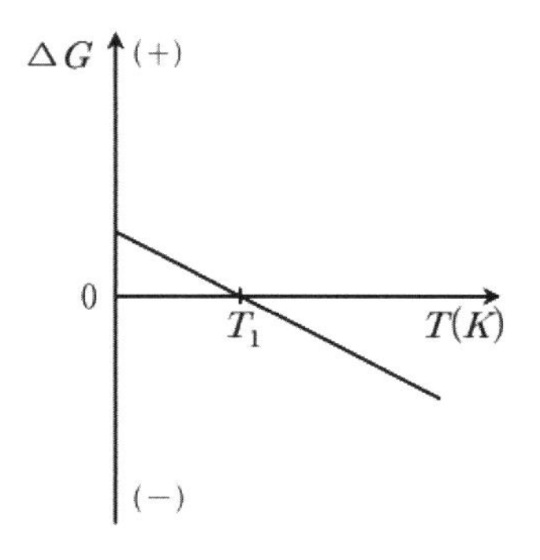

① ㄱ, ㄴ
② ㄱ, ㄷ
③ ㄴ, ㄷ
④ ㄱ, ㄴ, ㄷ

풀이

$\Delta G = \Delta H - T\Delta S$
T_1보다 온도가 낮을 때 $\Delta G > 0$: 비자발적인 반응
온도가 T_1일 때 $\Delta G = 0$: 평형상태
T_1보다 온도가 높을 때 $\Delta G < 0$: 자발적인 반응
ㄱ. 온도가 높을 때 자발적인 반응이 일어나므로 이 반응은 흡열반응이다.
ㄴ. T_1보다 낮은 온도에서 $\Delta G > 0$이므로 반응은 비자발적이다.
ㄷ. T_1보다 높은 온도에서 $\Delta G < 0$이기 위해서는 $\Delta H > 0$이므로 $\Delta S > 0$이어야 한다.

반응의 자발성

$\Delta G = \Delta H - T\Delta S < 0$ → 자발적 반응

	$\Delta S > 0$(무질서도 증가)	**$\Delta S < 0$(무질서도 감소)**
$\Delta H > 0$(흡열반응)	높은 온도에서 자발적($\Delta G < 0$) 예 얼음이 녹는 과정($\Delta H > 0$, $\Delta S > 0$)	항상 비자발적(모든 온도에서 $\Delta G > 0$)
$\Delta H < 0$(발열반응)	항상 자발적(모든 온도에서 $\Delta G < 0$)	낮은 온도에서 자발적($\Delta G < 0$) 예 물이 어는 과정($\Delta H < 0$, $\Delta S < 0$)

43 다음 반응은 300 K의 밀폐된 용기에서 평형상태를 이루고 있다. 이에 대한 설명으로 옳은 것만을 모두 고른 것은? (단, 모든 기체는 이상기체이다.) 2016년 지방직9급

$$A_2(g) + B_2(g) \rightleftarrows 2AB(g),\ \triangle H = 150kJ/mol$$

ㄱ. 온도가 낮아지면, 평형의 위치는 역반응 방향으로 이동한다.
ㄴ. 용기에 B_2 기체를 넣으면, 평형의 위치는 정반응 방향으로 이동한다.
ㄷ. 용기의 부피를 줄이면, 평형의 위치는 역반응 방향으로 이동한다.
ㄹ. 정반응을 촉진시키는 촉매를 용기 안에 넣으면, 평형의 위치는 정반응 방향으로 이동한다.

① ㄱ, ㄴ
② ㄱ, ㄷ
③ ㄴ, ㄹ
④ ㄷ, ㄹ

풀이

ㄱ. △H > 0이므로 정반응은 흡열반응이다.
온도상승: 정반응이 우세하게 일어나고 평형은 오른쪽(정반응)으로 이동
온도하강: 역반응이 우세하게 일어나고 평형은 왼쪽(역반응)으로 이동
ㄴ. 반응물질 첨가시 반응물질을 제거하는 쪽으로 평형이 이동한다. 즉 정반응이 우세하게 일어나고 평형은 오른쪽(정반응)으로 이동한다.
ㄷ. 용기의 부피를 줄이면 기체의 압력이 증가하여 기체의 몰수를 감소시키는 방향으로 평형이 이동하지만 위의 반응은 반응물질의 계수의 합과 생성물질의 계수의 합이 같아 압력변화에 의한 평형이동은 일어나지 않는다.
ㄹ. 촉매는 평형에 도달하는 시간만 빠르게 할 뿐 평형을 이동시키지 못한다.

정답 42 ④ 43 ①

44 **다음은 25℃, 1atm에서 H_2O에 대한 열화학 반응식이다.**

$$H_2O(l) \rightleftarrows H_2O(g),\ \Delta H = 44\ kJ$$

25℃, 1atm에서 이에 대한 설명으로 옳은 것만을 〈보기〉에서 있는 대로 고른 것은?

보기
ㄱ. $H_2O(l)$의 기화는 발열 반응이다.
ㄴ. 1mol의 엔탈피(△H)는 $H_2O(l)$이 $H_2O(g)$보다 작다.
ㄷ. $H_2O(g) \rightarrow H_2O(l)$ 반응의 △H는 −44kJ이다.

① ㄱ　② ㄴ
③ ㄱ, ㄴ, ㄷ　④ ㄴ, ㄷ

풀 이

ㄱ. $H_2O(l)$의 기화는 △H > 0이므로 흡열 반응이다.
반응엔탈피(△H) = 생성물 엔탈피 합 − 반응물 엔탈피 합
△H > 0이므로 $H_2O(l)$가 $H_2O(g)$보다 엔탈피가 작다.
역반응의 반응엔탈피는 정반응의 반응엔탈비와 절댓값은 같고 부호는 반대이다.

45 **그림 (가)는 H_2O의 상평형 그림을, (나)는 0.8atm에서 H_2O의 가열 곡선을 나타낸 것이다.**

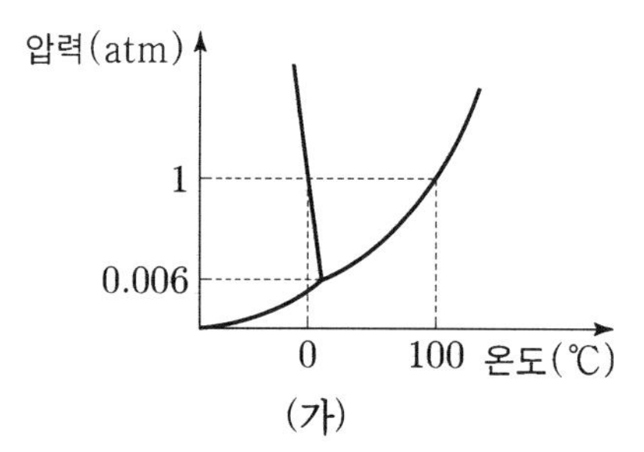

(가)

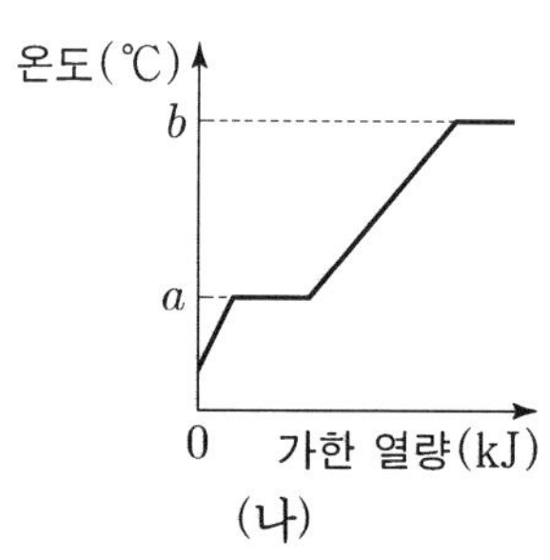

(나)

이에 대한 설명으로 옳은 것만을 〈보기〉에서 있는 대로 고른 것은?

보기
ㄱ. b − a < 100이다.
ㄴ. a℃, 1atm에서 H_2O의 안정한 상은 고체이다.
ㄷ. 0.7atm에서 H_2O의 끓는점은 b℃보다 높다.

① ㄱ　② ㄴ
③ ㄱ, ㄷ　④ ㄴ, ㄷ

풀이

ㄱ. 0.8atm에서 끓는점(b)는 100보다 작고 어는점(a)는 0보다 크므로 b − a < 100이다.
ㄴ. a > 0이므로 (가)의 그래프에서 a℃, 1 atm은 액체이므로 H_2O의 안정한 상은 액체이다.
ㄷ. (가)의 그래프에서 0.7atm의 증기압곡선이 0.8atm보다 아래에서 만나므로 H_2O의 끓는점은 b℃보다 낮다.

46 다음은 X(l)와 Y(l)의 온도에 따른 증기압력과 기준 끓는점을 나타낸 표이다.

액체	증기압력 (cmHg)			기준 끓는점(℃)
	t1℃	t2℃	t3℃	
X(l)	61	70	74	100
Y(l)	41	63	72	78

이에 대한 설명으로 옳은 것만을 〈보기〉에서 있는 대로 고른 것은? (단, 대기압은 76cmHg로 일정하고, 수은의 증기압은 무시한다.)

보기
ㄱ. t1 < t2 < t3이다.
ㄴ. 78℃에서 Y(l)의 증기압은 76cmHg보다 낮다.
ㄷ. 같은 온도에서 증기압이 낮은 액체는 기준끓는점이 높다.

① ㄱ
② ㄴ
③ ㄱ, ㄷ
④ ㄱ, ㄴ, ㄷ

풀이

ㄴ. 78℃에서 Y(l)의 증기압은 76cmHg와 같다.
78℃는 Y(l)의 기준끓는점이다.
같은 온도에서 증기압이 클수록 끓는점은 낮다.

정답 44 ④ 45 ① 46 ③

47 표는 A(aq)과 B(aq)에 대한 자료이다. 두 수용액의 몰랄 농도는 같고, 화학식량은 B가 A의 3배이다.

수용액	용액의 질량(g)	용질의 양(mol)	퍼센트 농도(%)
A(aq)	100	x	10
B(aq)	300	y	

y/x는?

① 9/4

② 5/2

③ 3

④ 7/2

풀이

화학식량 A : a g/mol, B : 3a g/mol

A는 10%이므로 용질 10g과 용액 100g이고 용매는 90g이다.

$$\text{A 몰랄농도} = \frac{\text{용질의 } mol}{\text{용매 } kg} = \frac{\left(10g \times \frac{mol}{ag}\right)}{0.09kg} = \frac{100x}{9}m$$

여기서, $x = 10g \times \frac{mol}{ag} \rightarrow x = \frac{10}{a}$ mol

$$\text{B 몰랄농도} = \frac{\text{용질의 } mol}{\text{용매 } kg} = \frac{ymol}{\left(300g - ymol \times \frac{3ag}{mol}\right) \times \frac{kg}{1000g}} = \frac{1000y}{300-3ay}m$$

A와 B의 몰랄농도가 같으므로

$$\frac{100x}{9} = \frac{1000y}{300-3ay}$$

90y = 300x − 3axy

$x = \frac{10}{a} \rightarrow a = \frac{10}{x}$ 을 대입하면

$$90y = 300x - 3 \times \frac{10}{x} \times xy$$

90y = 300x − 30y

$$\therefore \frac{y}{x} = \frac{300}{120} = \frac{5}{2}$$

48 다음은 25℃, 1atm에서 $N_2(g)$와 $H_2O(l)$의 반응의 열화학 반응식과 3가지 결합의 결합에너지이다.

$$2N_2(g) + 6H_2O(l) \rightarrow 4NH_3(g) + 3O_2(g) \quad \triangle H = 1530 \text{ kJ}$$

결합	N≡ N	H − H	N − H
결합 에너지(kJ/mol)	945	435	390

이 자료로부터 구한 $H_2O(l)$의 생성 엔탈피(kJ/mol)는?

① −315

② −285

③ −264

④ −241

풀이

$H_2O(l)$의 표준생성엔탈피 : $\triangle H_1$

$NH_3(g)$의 표준생성엔탈피 : $\triangle H_2$

홑원소 물질의 표준생성엔탈피 : 0(가장 안정함)

반응엔탈피 = 생성물의 표준생성엔탈피 − 반응물의 표준생성엔탈피

$1530 = (4 \times \triangle H_2 + 0) - (0 + 6\triangle H_1)$

$NH_3(g)$의 표준생성엔탈피 : $\triangle H_2$ → 결합에너지를 이용하여 산정

$N_2(g) + 3H2(g) \rightarrow 2NH_3(g)$

결합에너지는 반응물의 결합에너지 − 생성물의 결합에너지이므로

$\triangle H_2 = [(945 + 3 \times 435) - (2 \times 3 \times 390)]/2 = -45\text{kJ/mol}$

$\triangle H_1 = \frac{1}{6}\times(4\triangle H_2 - 1530) = \frac{1}{6}\times((4\times-45) - 1530) = \frac{1}{6}\times(-1710) = -285\text{kJ/mol}$

정답 47 ② 48 ②

49 다음 화학 반응에서 열의 출입에 대한 내용으로 옳은 내용을 모두 고른 것은?

A: 발열 반응은 화학 반응을 할 때 열을 방출한다.
B: 화학반응은 모두 발열 반응에 속한다.
C: CH_4의 연소반응은 발열 반응이다.

① A
② B
③ A, C
④ A, B, C

풀이

B: 화학반응은 발열 반응과 흡열 반응이 있다.

50 표는 밀폐된 진공 용기 안에 X(l)를 넣은 후 시간에 따른 X 의 $\frac{\text{응축속도}}{\text{증발속도}}$와 $\frac{X(g)\text{의 양}(mol)}{X(l)\text{의 양}(mol)}$에 대한 자료이다. $0 < t1 < t2 < t3$이고, $c > 1$이다.

시간	t1	t2	t3
응축 속도/증발 속도	a	b	1
X(g)의 양(mol) / X(l)의 양(mol)		1	c

이에 대한 설명으로 옳은 것만을 〈보기〉에서 있는 대로 고른 것은? (단, 온도는 일정하다.)

보기
ㄱ. $a < 1$이다.
ㄴ. $b = 1$이다.
ㄷ. t2일 때, X(l)와 X(g)는 동적 평형을 이루고 있다.

① ㄱ
② ㄴ
③ ㄱ, ㄷ
④ ㄴ, ㄷ

풀이

ㄴ. $b < 1$이다.
t2에서 X(g)의 양 = X(l)의 양이고 t3에서 $c > 1$이므로 t3에서 X(g)의 양 > X(l)의 양이다. 동적평형 이전에는 증발속도 > 응축속도 이므로 $a < b < 1$ 이다.
ㄷ. t2일 때, 응축속도 < 증발속도이므로 동적 평형을 이루고 있지 않으며 t3에서 응축속도 = 증발속도로 동적 평형을 이룬다.

51 다음은 온도 T에서 A(g)로부터 B(g)가 생성되는 반응의 화학 반응식과 반응의 진행에 따른 엔탈피 상댓값을 나타낸 것이다.

> $$A(g) \rightleftarrows B(g)$$
> 반응물의 엔탈피 상댓값: 100
> 생성물의 엔탈피 상댓값: 50
> 정반응에서 활성화 상태에서의 에너지 상댓값: 150

이에 대한 설명으로 옳은 것만을 〈보기〉에서 있는 대로 고른 것은? (단, 온도는 T로 일정하다.)

> 보기
> ㄱ. 정반응은 발열 반응이다.
> ㄴ. 정반응의 활성화 에너지는 (활성화 상태에서의 에너지 − 반응물의 에너지)이다.
> ㄷ. 역반응의 활성화 에너지는 (반응물의 에너지 − 생성물의 에너지)이다.

① ㄱ
② ㄴ
③ ㄷ
④ ㄱ, ㄴ

풀이

ㄷ. 역반응의 활성화 에너지는 (활성화 상태에서의 에너지 − 생성물의 에너지)이다.
정반응의 활성화 에너지: (활성화 상태에서의 에너지 − 반응물의 에너지)
반응물의 엔탈피가 생성물의 엔탈피보다 크므로 발열반응이다.
반응엔탈피(△H)는 (생성물의 엔탈피 − 반응물의 엔탈피)이며 −50으로 0보다 작다.

정답 49 ③ 50 ① 51 ④

52 다음은 25℃, 1atm에서 $N_2(g)$와 $O_2(g)$가 반응하여 NO(g)가 생성되는 반응의 열화학 반응식이다.

$$N_2(g) + O_2(g) \rightarrow 2NO(g) \quad \triangle H = 182 \text{ kJ}$$

25℃, 1atm에서 이에 대한 설명으로 옳은 것만을 〈보기〉에서 있는 대로 고른 것은?

보기

ㄱ. 반응물의 엔탈피 합은 생성물의 엔탈피 합보다 크다.
ㄴ. NO(g)의 생성 엔탈피(△H)는 91kJ/mol 이다.
ㄷ. NO(g) 2mol이 분해되어 $N_2(g)$ 1mol과 $O_2(g)$ 1mol이 생성되는 반응의 반응 엔탈피(△H)는 364kJ이다.

① ㄱ
② ㄴ
③ ㄱ, ㄷ
④ ㄴ, ㄷ

풀이

ㄱ. $\triangle H > 0$인 흡열반응으로 반응물의 엔탈피 합은 생성물의 엔탈피 합보다 작다.
$\triangle H$ = 생성물의 엔탈피 합 − 반응물의 엔탈피 합
ㄷ. NO(g) 2mol이 분해되어 $N_2(g)$ 1mol과 $O_2(g)$ 1mol이 생성되는 반응은 주어진 반응의 역반응으로 반응 엔탈피(△H)는 −182kJ이다.

53 표는 25℃에서 3가지 수용액(가)~(다)에 대한 자료이다.

수용액	(가)	(나)	(다)
$[H_3O^+]:[OH^-]$	1 : 100	1 : 1	100 : 1

이에 대한 설명으로 옳은 것만을 〈보기〉에서 있는 대로 고른 것은? (단, 온도는 25℃로 일정하고, 25℃에서 물의 이온화상수(Kw)는 1×10^{-14}이다.)

보기
ㄱ. (나)는 중성이다.
ㄴ. (다)의 pH는 5.0이다.
ㄷ. $[OH^-]$는 (가) : (다) = 10^4 : 1이다.

① ㄱ
② ㄴ
③ ㄱ, ㄷ
④ ㄴ, ㄷ

풀 이

ㄴ. (다)의 pH는 6이다.
pH + pIOH = 14이고 $[H_3O^+]$가 [OH−]보다 100배 많으므로 pH6, pOH = 8이다.
ㄷ. $[OH^-]$는 (가) : (다) = 10^2 : 1이다.

수용액	(가)	(다)
$[H_3O^+]:[OH^-]$	1 : 100	100 : 1
pH	8	6
pOH	6	8

정답 52 ② 53 ①

54 다음 반응식의 정반응과 역반응에서 브뢴스테드의 산 · 염기 개념으로 볼 때 산에 해당하는 것은?

$$H_2O + NH_3 \rightleftarrows OH^- + NH_4^+$$

① NH_3 와 NH_4^+
② NH_3 와 OH^-
③ H_2O 와 OH^-
④ H_2O 와 NH_4^+

풀이

브뢴스테드의 산과 염기
산: H^+를 내어 놓는 물질
염기: H^+를 받아들이는 물질
정반응: $H_2O + NH_3 \rightarrow OH^- + NH_4^+$
H_2O는 H^+를 내어놓아 산이다.
역반응: $OH^- + NH_4^+ \rightarrow H_2O + NH_3$
NH_4^+는 H^+를 내어놓아 산이다.

55 다음 화학반응 중 H_2O가 염기로 작용한 것은?

① $CH_3COOH + H_2O \rightarrow CH_3COO^- + H_3O^+$
② $NH_3 + H_2O \rightarrow NH_4^+ + OH^-$
③ $CO_3^{2-} + 2H_2O \rightarrow H_2CO_3 + 2OH^-$
④ $Na_2O + H_2O \rightarrow 2NaOH$

풀이

브뢴스테드의 산: H^+(양성자)를 내어주는 물질
브뢴스테드의 염기: H^+(양성자)를 받는 물질

정답 54 ④ 55 ①

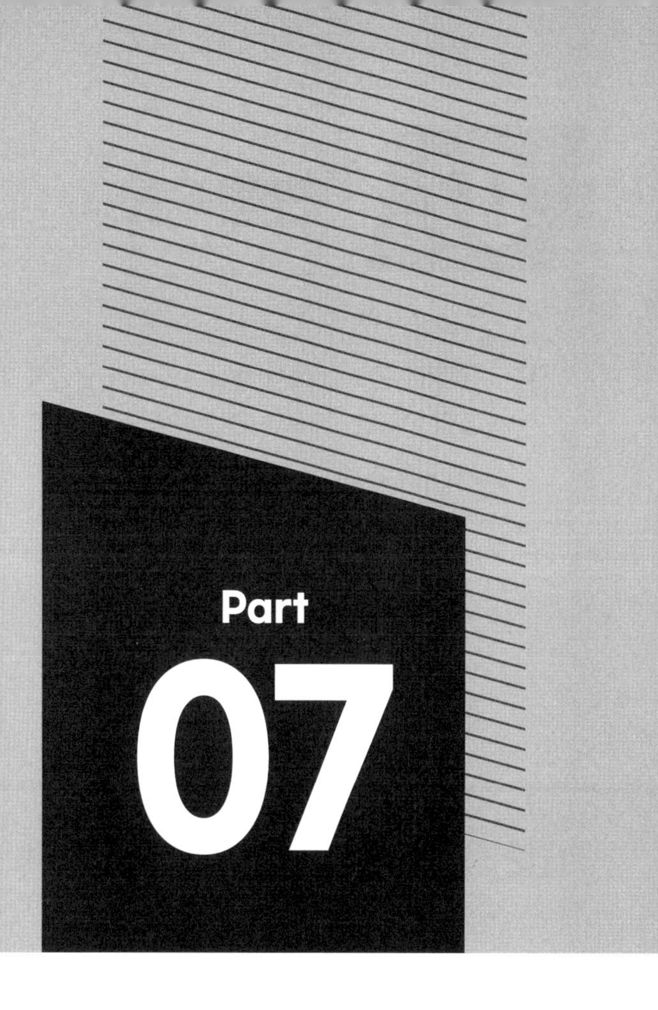

반응속도

이찬범 화학

단원별 기출문제집

반응속도

01

일정한 온도 하에서 물질 A와 B가 반응을 할 때 A의 농도만 2배로 하면 반응속도가 2배가 되고 B의 농도만 2배로 하면 반응속도가 4배로 된다. 이 반응속도식은? (단, 반응속도 상수는 k이다.)

① $v = k[A][B]^2$
② $v = k[A]^2[B]$
③ $v = k[A][B]^{0.5}$
④ $v = k[A][B]$

풀이

A 농도 2배 → 반응속도 2배: A의 1차 반응
B 농도 2배 → 반응속도 4배: B의 2차 반응
따라서 $v = k[A][B]^2$이다.

02

화학반응속도를 증가시키는 방법으로 옳지 않은 것은?

① 온도를 높인다.
② 부촉매를 가한다.
③ 반응물 농도를 높게 한다.
④ 반응물 표면적을 크게 한다.

풀이

부촉매는 반응속도를 감소시킨다.

03

다음 반응속도식에서 2차 반응인 것은?

① $v = k[A]^{1/2}[B]^{1/2}$
② $v = k[A][B]$
③ $v = k[A][B]^2$
④ $v = k[A]^2[B]^2$

풀이

$v = k[A]^a[B]^b$인 경우 반응의 차수는 $a + b$이다.

04

활성화에너지에 대한 설명으로 옳은 것은?

① 물질이 반응 전에 가지고 있는 에너지이다.
② 물질이 반응 후에 가지고 있는 에너지이다.
③ 물질이 반응 전과 후에 가지고 있는 에너지의 차이이다.
④ 물질이 반응을 일으키는 데 필요한 최소한의 에너지이다.

05 밀폐된 공간에서 반감기가 3.8일인 라돈(Rn) 102.4mg이 붕괴되어 3.2mg으로 되는 데 경과되는 시간[일]은?

2024년 지방직9급

① 3.8
② 19
③ 22.8
④ 38

풀 이

반감기에 따른 질량 변화 : 102.4 → 51.2 → 25.6 → 12.8 → 6.4 → 3.2
5번의 반감기를 거쳐 3.2mg이 되며 3.8 × 5 = 19일이다.

06 NO와 Br_2로부터 NOBr이 만들어지는 반응 메커니즘이 다음과 같을 때, 전체 반응의 속도법칙은? (단, k_1, k_2, k_{-1}은 속도 상수이다.)

2024년 지방직9급

$$NO(g) + Br_2(g) \underset{k_{-1}}{\overset{k_1}{\rightleftharpoons}} NOBr_2(g) \quad \text{(빠름)}$$

$$NOBr_2(g) + NO(g) \xrightarrow{k_2} 2NOBr(g) \quad \text{(느림)}$$

① 속도 $= \frac{k_1 k_2}{k_{-1}}[NO][Br_2]$

② 속도 $= \frac{k_1 k_2}{k_{-1}}[NO]^2[Br_2]$

③ 속도 $= \frac{k_{-1} k_2}{k_1}[NO]^2[Br_2]$

④ 속도 $= k_2[NOBr_2][NO]$

풀 이

보기의 반응은 빠름단계에서 평형이 존재하고 반응의 중간에 생성되었다가 없어지는 중간체가 존재하는 반응으로 전체반응식을 구하여 반응속도식을 정의할 수 있다.
빠름단계의 화학평형상수는 정반응속도/역반응속도로 나타낼 수 있다(K_1/k_{-1}).
전체반응 : $2NO(g) + Br_2(g) \rightarrow 2NOBr(g)$

반응속도 $= \frac{k_1 k_2}{k_{-1}}[NO]^2[Br_2]$

정답 01 ① 02 ② 03 ② 04 ④ 05 ② 06 ②

PART 07

07 A + B → C 반응에서 A와 B의 초기 농도를 달리하면서 C가 생성되는 초기 속도를 측정하였다. 속도 = $k[A]^a[B]^b$라고 나타낼 때, a, b로 옳은 것은? 2023년 지방직9급

실험	A[M]	B[M]	C의 초기 생성 속도[Ms^{-1}]
1	0.01	0.01	0.03
2	0.02	0.01	0.12
3	0.01	0.02	0.12
4	0.02	0.02	0.48

① a : 1, b : 1
② a : 1, b : 2
③ a : 2, b : 1
④ a : 2, b : 2

풀이

A의 농도가 일정할 때 B의 농도는 2배, C의 생성속도는 4배이므로 B에 2차 반응이다. → b : 2
B의 농도가 일정할 때 A의 농도는 2배, C의 생성속도는 4배이므로 B에 2차 반응이다. → a : 2
속도 = $k[A]^2[B]^2$

08 화학 반응 속도에 대한 설명으로 옳지 않은 것은? 2022년 지방직9급

① 1차 반응의 반응 속도는 반응물의 농도에 의존한다.
② 다단계 반응의 속도 결정 단계는 반응 속도가 가장 빠른 단계이다.
③ 정촉매를 사용하면 전이 상태의 에너지 준위는 낮아진다.
④ 활성화 에너지가 0보다 큰 반응에서, 반응 속도 상수는 온도가 높을수록 크다.

풀이

다단계 반응의 속도 결정 단계는 반응 속도가 가장 느린 단계이다.

09 N_2O 분해에 제안된 메커니즘은 다음과 같다.

$$N_2O(g) \xrightarrow{k_1} N_2(g) + O(g) \text{ (느린 반응)}$$

$$N_2O(g) + O(g) \xrightarrow{k_2} N_2(g) + O_2(g) \text{ (빠른 반응)}$$

위의 메커니즘으로부터 얻어지는 전체반응식과 반응속도 법칙은? 2020년 지방직9급

① $2N_2O(g) \rightarrow 2N_2(g) + O_2(g)$, 속도 $= k_1[N_2O]$

② $N_2O(g) \rightarrow N_2(g) + O(g)$, 속도 $= k_1[N_2O]$

③ $N_2O(g) + O(g) \rightarrow N_2(g) + O_2(g)$, 속도 $= k_2[N_2O]$

④ $2N_2O(g) \rightarrow 2N_2(g) + 2O_2(g)$, 속도 $= k_2[N_2O]^2$

풀이

- 반응속도
  가장 느린 반응은 K_1에 의한 반응이므로 반응속도 $= k_1[N_2O]$이다.
- 전체반응식
  $N_2O(g) \rightarrow N_2(g) + O(g)$ ·················· A
  $N_2O(g) + O(g) \rightarrow N_2(g) + O_2(g)$ ······ B
  $2N_2O(g) \rightarrow 2N_2(g) + O_2(g)$ ········· A + B

10 화학 반응 속도에 영향을 주는 인자가 아닌 것은? 2019년 지방직9급

① 반응 엔탈피의 크기

② 반응 온도

③ 활성화 에너지의 크기

④ 반응물들의 충돌 횟수

풀이

엔탈피는 어떤 압력과 온도에서 물질이 가진 에너지로 엔탈피의 변화를 통해 발열 반응과 흡열 반응을 구분할 수 있으나 반응속도에는 영향을 주지 않는다.

정답 07 ④ 08 ② 09 ① 10 ①

11

다음 그림은 $NOCl_2(g) + NO(g) \rightarrow 2NOCl(g)$ 반응에 대하여 시간에 따른 농도 $[NOCl_2]$와 $[NOCl]$를 측정한 것이다. 이에 대한 설명으로 옳은 것만을 모두 고르면? 2019년 지방직9급

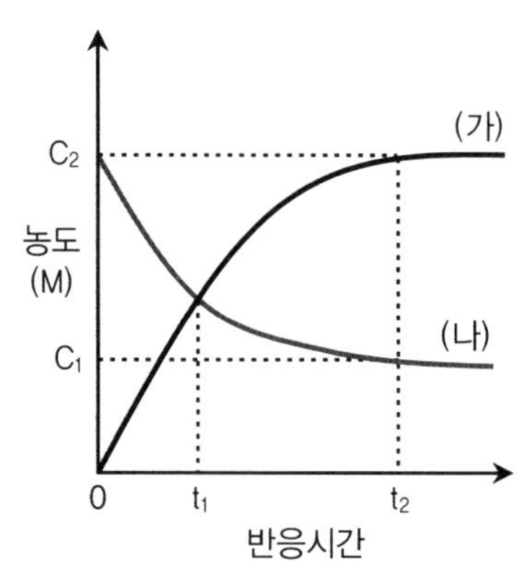

ㄱ. (가)는 $[NOCl_2]$이고 (나)는 $[NOCl]$이다.
ㄴ. (나)의 반응 순간 속도는 t_1과 t_2에서 다르다.
ㄷ. $\Delta t = t_2 - t_1$ 동안 반응 평균 속도 크기는 (가)가 (나)보다 크다.

① ㄱ

② ㄴ

③ ㄷ

④ ㄴ, ㄷ

풀 이

(가)는 반응이 진행될수록 증가하므로 반응생성물인 NOCl이다.

12 H_2와 ICl이 기체상에서 반응하여 I_2와 HCl을 만든다.

$$H_2(g) + 2ICl(g) \rightarrow I_2(g) + 2HCl(g)$$

이 반응은 다음과 같이 두 단계 메커니즘으로 일어난다.

1단계 : $H_2(g) + ICl(g) \rightarrow HI(g) + HCl(g)$ (속도결정단계)
2단계 : $HI(g) + ICl(g) \rightarrow I_2(g) + HCl(g)$ (빠름)

전체 반응에 대한 속도 법칙으로 옳은 것은? 2017년 지방직9급

① 속도 = $k[H_2][ICl]^2$
② 속도 = $k[HI][ICl]^2$
③ 속도 = $k[H_2][ICl]$
④ 속도 = $k[HI][ICl]$

13 다음은 촉매에 대한 설명이다. (가)와 (나)에 들어갈 적절한 것으로 옳게 짝지어진 것은?

촉매는 화학 반응이 일어날 때 반응 경로를 변화시켜 (가)을(를) 조절하는 물질이며, 동일한 화학 반응에서 (나)을(를) 사용하면 촉매를 사용하지 않은 경우보다 활성화 에너지가 작아진다.

(가) (나)
① (가) 반응속도, (나) 정촉매
② (가) 반응속도, (나) 부촉매
③ (가) 반응엔탈피, (나) 정촉매
④ (가) 반응엔탈피, (나) 부촉매

PART 07

정답 11 ④ 12 ③ 13 ①

14 다음은 A(g)로부터 B(g)가 생성되는 반응의 화학 반응식이다.

$$A(g) \rightarrow 2B(g)$$

온도 T 에서 (가)와 (나)에 A(g)의 초기 농도를 다르게 넣고 반응 후 반응이 진행될 때 반응시간에 따른 A의 농도를 나타낸 것이다.

이에 대한 설명으로 옳은 것만을 〈보기〉에서 있는 대로 고른 것은? (단, 온도는 T 로 일정하다.)

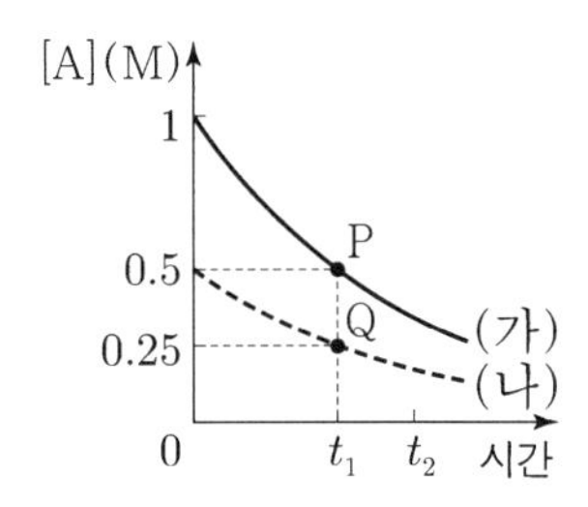

보기

ㄱ. (가)에서 t_1~t_2 동안 $-\triangle[B]/\triangle[A] = 1/2$ 이다.

ㄴ. 0~t_1 동안 평균 반응 속도는 (가)에서가 (나)에서의 2배이다.

ㄷ. 순간 반응 속도는 P에서가 Q에서보다 작다.

① ㄱ

② ㄴ

③ ㄷ

④ ㄱ, ㄴ

풀 이

(가)와 (나)는 반감기가 t_1으로 일정하므로 A에 대한 1차 반응이다.

ㄱ. (가)에서 t_1~t_2동안 $-\triangle[B]/\triangle[A] = 2$이다.

$v = -\dfrac{\triangle[A]}{\Delta t} = \dfrac{1}{2}\dfrac{\triangle[B]}{\Delta t}$ 이므로 $-\dfrac{\triangle[B]}{\triangle[A]} = 2$이다.

ㄴ. 0~t_1 동안 평균 반응 속도는 (가)에서가 (나)에서의 2배이다.

(가)의 평균반응속도 : $v_1 = \dfrac{0.5}{t_1}$

(나)의 평균반응속도 : $v_2 = \dfrac{0.25}{t_1}$

$v_1 = 2v_2$

15 다음은 A(g)로부터 B(g)와 C(g)가 생성되는 반응의 화학 반응식과 반응 속도식이다.

> A(g) → B(g) + C(g), v = k[A] (k는 반응 속도 상수)

표는 A(g)~C(g)가 들어 있는 강철 용기에서 이 반응이 진행될 때, A~C의 초기 양(mol)과 반응 시간에 따른 C의 양(mol)을 나타낸 것이다. 반응 시간이 6min일 때, C의 몰분율은 1/2이다.

반응 시간	0			6min	12min
기체의 양 (mol)	A	B	C	C	C
	x	y	2	6	7

x/y는? (단, 온도는 일정하다.)

① 6
② 20/3
③ 22/3
④ 8

풀이

0~6min	A(g)	B(g)	C(g)
반응전	x	y	2
반응	−4	+4	+4
반응후	x − 4	y + 4	6

6min에서 C의 몰분율이 1/2이므로

$$\frac{6}{(x-4)+(y+4)+6}=\frac{1}{2}$$

x + y + 6 = 12이므로 x + y = 6이다.

6~12min	A(g)	B(g) +	C(g)
반응전	x − 4	y + 4	6
반응	−1	+1	+1
반응후	x − 5	y + 5	7

v = k[A]이므로 A에 대한 1차 반응이다. 반감기가 일정하므로 일정 시간 동안 줄어든 A의 비율은 일정하다.

0min : 0~6min = 0~6min : 6~12min

x : (x − 4) = (x − 4) : (x − 5)

$x^2 - 8x + 16 = x^2 - 5x$

$$x=\frac{16}{3}$$

따라서 x + y = 6이고 $y=\frac{2}{3}$,

$\frac{x}{y}=\frac{16}{2}=8$이다.

정답 14 ② 15 ④

16 표는 온도 T에서 3개의 강철 용기에 A(g)를 각각 넣고, 반응 A(g) → 2B(g)이 일어날 때의 자료이다.

실험	A (g)의 초기 농도(M)	첨가한 촉매	정반응의 활성화 에너지 (kJ/mol)	초기 반응 속도 (M/s)
Ⅰ	a	없음	㉠	v
Ⅱ	a	X(s)	E_a	4v
Ⅲ	2a	없음	㉡	2v

이에 대한 설명으로 옳은 것만을 〈보기〉에서 있는 대로 고른 것은? (단, 온도는 T 로 일정하다.)

보기
ㄱ. ㉠ > ㉡이다.
ㄴ. X(s)는 정촉매이다.
ㄷ. 실험 Ⅰ에서의 반응은 1차 반응이다.

① ㄱ
② ㄷ
③ ㄱ, ㄴ
④ ㄴ, ㄷ

풀이
ㄱ. ㉠ = ㉡이다.
활성화 에너지는 촉매에 의해서만 변하고 Ⅰ과 Ⅲ 실험 모두 촉매를 사용하지 않았기 때문에 ㉠과 ㉡은 같다.
ㄴ. Ⅰ과 Ⅱ에서 X(s)는 반응속도를 증가시켰으므로 정촉매이다.
ㄷ. Ⅰ과 Ⅲ에서 초기농도가 2배 되었을 때 반응속도가 2배가 되었으므로 A에 대한 1차 반응이다.

정답 16 ④

산화환원과 금속의 반응성

PART 08

산화환원과 금속의 반응성

01 $KMnO_4$에서 Mn의 산화수는 얼마인가?

① +3
② +5
③ +7
④ +9

풀 이

$KMnO_4$

K : +1, O : −2

+1 + (Mn) + (−2 × 4) = +7

02 다음 물질의 수용액을 1F의 전기를 가하여 전기분해했을 때 석출되는 금속의 질량이 가장 많은 것은? (단, (   )는 석출되는 금속의 원자량이다.)

① $CuSO_4$(Cu = 64)
② $NiSO_4$(Ni = 59)
③ $AgNO_3$(Ag = 108)
④ $Pb(NO_3)_2$(Pb = 207)

풀 이

1F(96,500C)는 전자 1mol이 이동할 때 필요한 전하량이다.

1F를 가하면,

① $CuSO_4 \rightarrow Cu^{2+} + SO_4^{2-}$
2F의 전기량으로 Cu 1몰(64g)이 석출되며 1F일 때는 32g이 석출된다

② $NiSO_4 \rightarrow Ni^{2+} + SO_4^{2-}$
2F의 전기량으로 Ni 1몰(59g)이 석출되며 1F일 때는 29.5g이 석출된다.

③ $AgNO_3 \rightarrow Ag^{+} + NO_3^{-}$
1F의 전기량으로 Ag 1몰(108g)이 석출된다.

④ $Pb(NO_3)_2 \rightarrow Pb^{2+} + 2NO_3^{-}$
2F의 전기량으로 Pb 1몰(207g)이 석출되며 1F일 때는 103.5g이 석출된다.

03 볼타전지에 관한 설명으로 틀린 것은?

① 이온화 경향이 큰 쪽의 물질이 (−) 극이다.
② (+) 극에서는 산화반응이 일어난다.
③ 전자는 도선을 따라 (−) 극에서 (+) 극으로 이동한다.
④ 전류의 방향은 전자의 이동 방향과 반대이다.

풀 이

(+) 극: 환원반응
(−) 극: 산화반응

04 황산구리 수용액을 Pt 전극을 써서 전기분해하여 음극에서 64g의 구리를 얻고자 한다. 10A의 전류를 약 몇 초간 흐르게 하여야 하는가? (단, 구리의 원자량은 64이다.)

① 10300　　② 19300
③ 20300　　④ 22300

풀 이

$CuSO_4 \rightarrow Cu^{2+} + SO_4^{2-}$
2F의 전기량으로 Cu 1몰(64g)이 석출된다
1F = 96500C = 전자 1몰의 전하량
2F = 96,500C × 2 = 193,000C
1C = 1A × 1sec 이므로
193000C = 10A × □sec
∴ □ = 19,300sec

05 질산칼륨(KNO_3)에서 N의 산화수는 얼마인가?

① +1　　② +3
③ +5　　④ +7

풀 이

질산칼륨(KNO_3)
K = +1, O = −2
(+1) × 1 + (−2) × 3 + N = 0
∴ N = +5

정답 01 ③ 02 ③ 03 ② 04 ② 05 ③

06 밑줄 친 원소의 산화수가 +5인 것은?

① $H_3\underline{P}O_4$ ② $K\underline{Mn}O_4$

③ $K_2\underline{Cr}_2O_7$ ④ $K_3[\underline{Fe}(CN)_6]$

풀이

① $H_3\underline{P}O_4$: $(+1 \times 3) + P + (-2 \times 4) = 0$, $P = +5$

② $K\underline{Mn}O_4$: $(+1) + Mn + (-2 \times 4) = 0$, $Mn = +7$

③ $K_2\underline{Cr}_2O_7$: $(+1 \times 2) + 2 \times Cr + (-2 \times 7) = 0$, $Cr = +6$

④ $K_3[\underline{Fe}(CN)_6]$: $(+1 \times 3) + [Fe + (-1 \times 6) = 0$, $Fe = +3$

07 구리를 석출하기 위해 $CuSO_4$ 용액에 0.5F의 전기량을 흘렸을 때 약 몇 g의 구리가 석출되겠는가? (단, 원자량은 Cu = 64, S = 32, O = 16이다.)

① 16 ② 32

③ 64 ④ 128

풀이

1F(96,500C)는 전자 1mol이 이동할 때 필요한 전하량이다.

1F를 가하면,

$CuSO_4 \rightarrow Cu^{2+} + SO_4^{2-}$

2F의 전기량으로 Cu 1몰(64g)이 석출되며 0.5F일 때는 16g이 석출된다

08 산소의 산화수가 가장 큰 것은?

① O_2 ② $KClO_4$

③ H_2SO_4 ④ H_2O_2

풀이

① O_2 : 홑원소 물질이므로 0

② $KClO_4$: 화합물이므로 −2

③ H_2SO_4 : 화합물이므로 −2

④ H_2O_2 : 과산화물이므로 −1

09 다음 중 밑줄 친 원자의 산화수 값이 나머지 셋과 다른 하나는?

① $\underline{Cr}_2O_7^{2-}$ ② $H_3\underline{P}O_4$
③ $H\underline{N}O_3$ ④ $H\underline{Cl}O_3$

풀 이

① $\underline{Cr}_2O_7^{2-}$: $2 \times Cr + (-2 \times 7) = -2$, $Cr = +6$
② $H_3\underline{P}O_4$: $1 \times 3 + P + (-2 \times 4) = 0$, $P = +5$
③ $H\underline{N}O_3$: $1 + N + (-2 \times 3) = 0$, $N = +5$
④ $H\underline{Cl}O_3$: $1 + Cl + (-2 \times 3) = 0$, $Cl = +5$

10 A는 B이온과 반응하나 C이온과는 반응하지 않고, D는 C이온과 반응한다고 할 때 A, B, C, D의 환원력 세기를 큰 것부터 차례대로 나타낸 것은? (단, A, B, C, D는 모두 금속이다.)

① A > B > D > C ② D > C > A > B
③ C > D > B > A ④ B > A > C > D

풀 이

환원력 : 환원제로 스스로 산화되는 능력

- $A + B^+ \rightarrow A^+ + B$
  A : 전자를 잃고 산화됨 B : 전자를 얻어 환원됨
  환원력 : A > B
- $A + C^+ \rightarrow$ 반응 없음
  A와 C간에 전자의 이동이 없으며 환원력은 C > A
- $D + C^+ \rightarrow D^+ + C$
  D : 전자를 잃고 산화됨 C : 전자를 얻어 환원됨
  환원력 : D > C

∴ 환원력의 세기는 D > C > A > B

PART 08

정 답 06 ① 07 ① 08 ① 09 ① 10 ②

11 다음 반응식에 관한 사항 중 옳은 것은?

$$SO_2 + 2H_2S \rightarrow 2H_2O + 3S$$

① SO_2는 산화제로 작용
② H_2S는 산화제로 작용
③ SO_2는 촉매로 작용
④ H_2S는 촉매로 작용

풀이

SO_2는 산화제, H_2S는 환원제로 작용하였다.

12 1패러데이(Faraday)의 전기량으로 물을 전기분해 하였을 때 생성되는 기체 중 산소 기체는 0℃, 1기압에서 몇 L인가?

① 5.6
② 11.2
③ 22.4
④ 44.8

풀이

물의 전기분해 반응식
(−) 극: $4H_2O + 4e^- \rightarrow 2H_2 + 4OH^-$
(+) 극: $2H_2O \rightarrow O_2 + 4H^+ + 4e^-$
전체: $2H_2O \rightarrow 2H_2 + O_2$
1F(96,500C)는 전자 1mol이 이동할 때 필요한 전하량이다.
4몰의 전자가 이동할 때 1몰의 산소기체가 발생하므로
4F : 1mol 산소기체 = 1F : □mol
∴ □ = 0.25mol = 5.6L

13 $K_2Cr_2O_7$에서 Cr의 산화수는?

① +2
② +4
③ +6
④ +8

풀이

$K_2Cr_2O_7$: $(+1 \times 2) + (Cr \times 2) + (-2 \times 7) = 0$
∴ Cr = +6

14 다음 반응식에서 산화된 성분은?

$$MnO_2 + 4HCl \rightarrow MnCl_2 + 2H_2O + Cl_2$$

① Mn ② O
③ H ④ Cl

풀 이

Mn : 산소를 잃음 → 환원
Cl : 수소를 잃음 → 산화

15 다음 중 반응이 정반응으로 진행되는 것은?

① $Pb^{2+} + Zn \rightarrow Zn^{2+} + Pb$
② $I_2 + 2Cl^- \rightarrow 2I^- + Cl_2$
③ $2Fe^{3+} + 3Cu \rightarrow 3Cu^{2+} + 2Fe$
④ $Mg^{2+} + Zn \rightarrow Zn^{2+} + Mg$

풀 이

이온화경향이 큰 금속이 전자를 내어 놓고 이온이 되며 반응이 일어난다.

금속의 이온화 경향

K > Ca > Na > Mg > Al > Zn > Fe > Ni > Sn > Pb > (H) > Cu > Hg > Ag > Pt > Au

할로겐족 원소의 반응성

F > Cl > Br > I

PART 08

16 다음 반응식은 산화 – 환원 반응이다. 산화된 원자와 환원된 원자를 순서대로 옳게 표현한 것은?

$$3Cu + 8HNO_3 \rightarrow 3Cu(NO_3)_2 + 2NO + 4H_2O$$

① Cu, N ② N, H
③ O, Cu ④ N, Cu

풀 이

산화수 증가 : 산화
산화수 감소 : 환원

정 답 11 ① 12 ① 13 ③ 14 ④ 15 ① 16 ①

17 황이 산소와 결합하여 SO_2를 만들 때에 대한 설명으로 옳은 것은?

① 황은 환원된다.
② 황은 산화된다.
③ 불가능한 반응이다.
④ 산소는 산화되었다.

풀이

산화: 산소와 결합, 수소를 잃음, 전자를 잃음, 산화수 증가

18 황의 산화수가 나머지 셋과 다른 하나는?

① Ag_2S
② H_2SO_4
③ SO_4^{2-}
④ $Fe_2(SO_4)_3$

풀이

① Ag_2S : $(+1 \times 2) + S = 0$, $S = -2$
② H_2SO_4 : $(+1 \times 2) + S + (-2 \times 4) = 0$, $S = +6$
③ SO_4^{2-} : $S + (-2 \times 4) = -2$, $S = +6$
④ $Fe_2(SO_4)_3$: $(+3 \times 2) + [S + (-2 \times 4)] \times 3 = 0$, $S = +6$

19 황산구리 용액에 10A의 전류를 1시간 통하면 구리(원자량 64)를 몇 g 석출하겠는가?

① 7.2g
② 11.85g
③ 23.7g
④ 31.77g

풀이

$CuSO_4 \rightarrow Cu^{2+} + SO_4^{2-}$
2F의 전기량으로 Cu 1몰(64g)이 석출된다
1F = 96500C = 전자 1몰의 전하량
1C = 1A × 1sec이므로
10A × 3600sec = 36000C
2 × 96500C : 64g : 36000C : □g
∴ □ = 11.85g

20 황산구리(Ⅱ) 수용액을 전기분해할 때 64g의 구리를 석출시키는데 필요한 전기량은 몇 F인가? (단, Cu의 원자량은 64이다.)

① 0.635F ② 1F
③ 2F ④ 63.5F

풀이
1F(96,500C)는 전자 1mol이 이동할 때 필요한 전하량이다.
$CuSO_4 \rightarrow Cu^{2+} + SO_4^{2-}$
2F의 전기량으로 Cu 1몰(64g)이 석출된다

21 다음과 같은 구조를 가진 전지를 무엇이라 하는가?

$(-)Zn \mid H_2SO_4 \mid Cu(+)$

① 볼타전지
② 다니엘전지
③ 건전지
④ 납축전지

22 1패러데이(Faraday)의 전기량으로 물을 전기분해하였을 때 생성되는 수소기체는 0℃, 1기압에서 얼마의 부피를 갖는가?

① 5.6L ② 11.2L ③ 22.4L ④ 44.8L

풀이
물의 전기분해 반응식
(−) 극 : $4H_2O + 4e^- \rightarrow 2H_2 + 4OH^-$
(+) 극 : $2H_2O \rightarrow O_2 + 4H^+ + 4e^-$
전체 : $2H_2O \rightarrow 2H_2 + O_2$
1F(96,500C)는 전자 1mol이 이동할 때 필요한 전하량이다.
4몰의 전자가 이동할 때 2몰의 수소기체가 발생하므로
4F : 2mol 수소기체 = 1F : □mol
∴ □ = 0.5mol = 11.2L

정답 17 ② 18 ① 19 ② 20 ③ 21 ① 22 ②

23 다음은 표준 수소전극과 짝지어 얻은 반쪽반응 표준환원 전위값이다. 이들 반쪽전지를 짝지었을 때 얻어지는 전지의 표준 전위차 E°는?

$$Cu^{2+} + 2e^- \rightarrow Cu,\ E° = +0.34V$$
$$Ni^{2+} + 2e^- \rightarrow Ni,\ E° = -0.23V$$

① +0.11V ② −0.11V ③ +0.57V ④ −0.57V

풀 이

$Cu^{2+} + 2e^- \rightarrow Cu$, E° = +0.34V (환원전극)
$Ni^{2+} + 2e^- \rightarrow Ni$, E° = −0.23V (산화전극)
표준 전위차 E° = 환원전극 전위 − 산화전극 전위 = 0.34 − (−0.23) = 0.57V

24 다음의 반응에서 환원제로 쓰인 것은?

$$MnO_2 + 4HCl \rightarrow MnCl_2 + 2H_2O + Cl_2$$

① Cl_2 ② $MnCl_2$ ③ HCl ④ MnO_2

풀 이

환원제: 상대를 환원시키고 스스로 산화되는 물질
HCl: −1 → 0으로 산화수가 증가하였으므로 산화되었다.

25 백금 전극을 사용하여 물을 전기분해할 때 (+) 극에서 5.6L의 기체가 발생하는 동안 (−) 극에서 발생하는 기체의 부피는?

① 2.8L ② 5.6L ③ 11.2L ④ 22.4L

풀 이

물의 전기분해 반응식
(−) 극: $4H_2O + 4e^- \rightarrow 2H_2 + 4OH^-$
(+) 극: $2H_2O \rightarrow O_2 + 4H^+ + 4e^-$
전체: $2H_2O \rightarrow 2H_2 + O_2$
(+) 극에서 발생하는 기체와 (−) 극에서 발생하는 기체의 비는 (+) 극 : (−) 극 = 1 : 2 이므로 (−) 극에서 발생하는 기체는 11.2L이다.

26 1패러데이(Faraday)의 전기량으로 물을 전기분해하였을 때 생성되는 기체 중 산소 기체는 0℃, 1기압에서 몇 L인가?

① 5.6　② 11.2　③ 22.4　④ 44.8

풀 이

물의 전기분해 반응식

(−) 극 : $4H_2O + 4e^- \rightarrow 2H_2 + 4OH^-$

(+) 극 : $2H_2O \rightarrow O_2 + 4H^+ + 4e^-$

전체 : $2H_2O \rightarrow 2H_2 + O_2$

1F(96,500C)는 전자 1mol이 이동할 때 필요한 전하량이다.

4몰의 전자가 이동할 때 1몰의 산소기체가 발생하므로

4F : 1mol 산소기체 = 1F : □mol

∴ □ = 0.25mol = 5.6L

27 다음 밑줄 친 원소 중 산화수가 +5인 것은?

① $Na_2\underline{Cr}_2O_7$　② $K_2\underline{S}O_4$　③ $K\underline{N}O_3$　④ $\underline{Cr}O_3$

풀 이

① $Na_2\underline{Cr}_2O_7$: $(+1 \times 2) + 2 \times Cr + (-2 \times 7) = 0$, $Cr = +6$

② $K_2\underline{S}O_4$: $(+1 \times 2) + S + (-2 \times 4) = 0$, $S = +6$

③ $K\underline{N}O_3$: $(+1) + N + (-2 \times 3) = 0$, $N = +5$

④ $\underline{Cr}O_3$: $Cr + (-2 \times 3) = 0$, $Cr = +6$

28 일반적으로 환원제가 될 수 있는 물질이 아닌 것은?

① 수소를 내기 쉬운 물질　② 전자를 잃기 쉬운 물질

③ 산소와 화합하기 쉬운 물질　④ 발생기의 산소를 내는 물질

풀 이

환원제 : 스스로 산화되고 다른 물질을 환원시킨다.

산화제 : 스스로 환원되고 다른 물질을 산화시킨다.

발생기의 산소를 내는 물질은 스스로 환원되므로 산화제로 작용한다.

정답　23 ③　24 ③　25 ③　26 ①　27 ③　28 ④

29 볼타전지에서 갑자기 전류가 약해지는 현상을 분극현상이라 한다. 분극현상을 방지해 주는 감극제로 사용되는 물질은?

① MnO_2
② $CuSO_3$
③ $NaCl$
④ $Pb(NO_3)_2$

풀이

감극제 : 분극작용을 방지하기 위해서 넣어주는 물질로 산화제이다.

예 MnO_2, $KMnO_4$, PbO_2, H_2O_2, $K_2Cr_2O_7$ 등

30 다음 화학반응에서 밑줄 친 원소가 산화된 것은?

① $H_2 + \underline{Cl}_2 \rightarrow 2HCl$
② $2\underline{Zn} + O_2 \rightarrow 2ZnO$
③ $2KBr + \underline{Cl}_2 \rightarrow 2KCl + Br_2$
④ $2\underline{Ag}^{+} + Cu \rightarrow 2Ag + Cu^{2+}$

풀이

① Cl : 0 → −1 : 환원
② Zn : 0 → +2 : 산화
③ Cl : 0 → −1 : 환원
④ Ag : +1 → 0 : 환원

31 볼타전지의 기전력은 약 1.3V인데 전류가 흐르기 시작하면 곧 0.4V로 된다. 이러한 현상을 무엇이라 하는가?

① 감극
② 소극
③ 분극
④ 충전

32 다음과 같은 구조를 가진 전지를 무엇이라 하는가?

$$(-)Zn \mid H_2SO_4 \mid Cu(+)$$

① 볼타전지
② 다니엘전지
③ 건전지
④ 납축전지

33 다음 중 금속의 반응성이 큰 것부터 작은 순서대로 바르게 나열된 것은?

① Mg, K, Sn, Ag
② Au, Ag, Na, Zn
③ Fe, Ni, Hg, Mg
④ Ca, Na, Pb, Pt

풀이
K > Ca > Na > Mg > Al > Zn > Fe > Ni > Sn > Pb > H > Cu > Hg > Ag > Pt > Au

34 산화수에 대한 계산으로 옳지 않은 것은? 2024년 지방직9급

① SO_2에서 S와 O의 산화수의 합은 +2이다.
② NaH에서 Na와 H의 산화수의 합은 0이다.
③ N_2O_5에서 N과 O의 산화수의 합은 +3이다.
④ $KMnO_4$에서 K, Mn, O의 산화수의 합은 +5이다.

풀이
$KMnO_4$에서: K, Mn, O의 산화수의 합은 +6이다.
① SO_2 에서 S: +4, O: −2
② NaH에서 Na: +1, H: −1
③ N_2O_5에서 N: +5, O: −2
④ $KMnO_4$에서 K: +1, Mn: +7, O: −2

정답 29 ① 30 ② 31 ③ 32 ① 33 ④ 34 ④

35 황(S)의 산화수가 가장 큰 것은?

2023년 지방직9급

① K_2SO_3　　② $Na_2S_2O_3$

③ $FeSO_4$　　④ CdS

풀이

① K_2SO_3

$(+1) \times 2 + S + (-2) \times 3 = 0$

$S = 4$

② $Na_2S_2O_3$

$(+1) \times 2 + S \times 2 + (-2) \times 3 = 0$

$S = 2$

③ $FeSO_4$

SO_4^{2-}이므로 Fe는 +2이다.

$(+2) + S + (-2) \times 4 = 0$

$S = 6$

④ CdS

$(+2) + S = 0$

$S = -2$

36 산화 – 환원 반응이 아닌 것은?

2023년 지방직9급

① $2HCl + Mg \rightarrow MgCl_2 + H_2$

② $CH_4 + 2O_2 \rightarrow CO_2 + 2H_2O$

③ $CO_2 + H_2O \rightarrow H_2CO_3$

④ $3NO_2 + H_2O \rightarrow 2HNO_3 + NO$

풀이

$CO_2 + H_2O \rightarrow H_2CO_3$는 산화수의 변화가 없다.

37 황(S)의 산화수가 나머지와 다른 것은?

2022년 지방직9급

① H_2S　　② SO_3

③ $PbSO_4$　　④ H_2SO_4

풀이

① H_2S

H_2 : $+1 \times 2 = +2$

S : -2

② SO_3
O_3 : $-2 \times 3 = -6$
S : $+6$
③ $PbSO_4$
Pb : $+2$
O_4 : $-2 \times 4 = -8$
S : $+6$
④ H_2SO_4
H_2 : $+1 \times 2 = +2$
O_4 : $-2 \times 4 = -8$
S : $+6$

38 다니엘 전지의 전지식과, 이와 관련된 반응의 표준 환원 전위(E^0)이다. Zn^{2+}의 농도가 0.1M이고, Cu^{2+}의 농도가 0.01M인 다니엘 전지의 기전력[V]에 가장 가까운 것은? (단, 온도는 25℃로 일정하다.)

2022년 지방직9급

$$Zn(s) \mid Zn^{2+}(aq) \mid\mid Cu^{2+}(aq) \mid Cu(s)$$
$$Zn^{2+}(aq) + 2e^- \rightleftarrows Zn(s)\ E^o = -0.76V$$
$$Cu^{2+}(aq) + 2e^- \rightleftarrows Cu(s)\ E^o = 0.34V$$

① 1.04　② 1.07　③ 1.13　④ 1.16

풀이

표준환원전위가 큰 금속 : 이온화경향이 작으며, 산화가 되기 어렵고 환원되기 쉽다.
표준산화전위가 큰 금속 : 이온화경향이 크고, 산화되기 쉬우며, 환원되기 어렵다.
표준환원전위가 큰 쪽이 환원전극(+극), 작은 쪽이 산화전극(−극)이 된다.
$Zn^{2+}(aq) + 2e^- \rightleftarrows Zn(s)\ E^o = -0.76V$
$Cu^{2+}(aq) + 2e^- \rightleftarrows Cu(s)\ E^o = 0.34V$
표준환원전위가 더 큰 Cu가 환원되고 Zn이 산화된다.
환원 : $Cu \rightarrow Cu^{2+} + 2e^-$ … ①
산화 : $Zn^{2+} + 2e^- \rightarrow Zn$ … ②
① − ②
표준환원전위 = +0.34V − (−0.76V) = +1.1V
298K에서 Nernst식에 의한 E를 구하면

$$E = E^o(V) - \frac{0.0592\,V}{n} log \frac{[\text{산화전극의 전재질 몰농도}]}{[\text{환원전극의 전해질 몰농도}]}$$

$$E = 1.1\,V - \frac{0.0592\,V}{2} log \frac{[Zn^{2+}]}{[Cu^{2+}]}$$ 이다.

따라서 $E = 1.1 - \frac{0.0592}{2} log \frac{[0.1]}{[0.01]} = 1.0704$

정답　35 ③　36 ③　37 ①　38 ②

39 다음은 철의 제련 과정과 관련된 화학 반응식이다. 이에 대한 설명으로 옳지 않은 것은?

2021년 지방직9급

(가) $2C(s) + O_2(g) \rightarrow 2CO(g)$
(나) $Fe_2O_3(s) + 3CO(g) \rightarrow 2Fe(s) + 3CO_2(g)$
(다) $CaCO_3(s) \rightarrow CaO(s) + CO_2(g)$
(라) $CaO(s) + SiO2(s) \rightarrow CaSiO_3(l)$

① (가)에서 C의 산화수는 증가한다.
② (가)~(라) 중 산화−환원 반응은 2가지이다.
③ (나)에서 CO는 환원제이다.
④ (다)에서 Ca의 산화수는 변한다.

풀이
① (가)에서 C의 산화수는 0 → +2로 증가한다.
② (가)~(라) 중 산화−환원 반응은 (가)와 (나)이다.
③ (나)에서 CO는 산소와 결합하므로 환원제이다.
④ (다)에서 Ca의 산화수는 +2로 변하지 않는다.

40 25℃ 표준상태에서 다음의 두 반쪽 반응으로 구성된 갈바니 전지의 표준 전위[V]는? (단, E°는 표준 환원 전위 값이다.)

2020년 지방직9급

$$Cu^{2+}(aq) + 2e^- \rightarrow Cu(s):\ E° = 0.34V$$
$$Zn^{2+}(aq) + 2e^- \rightarrow Zn(s):\ E° = -0.76V$$

① −0.76
② 0.34
③ 0.42
④ 1.1

풀이
$Cu^{2+}(aq) + 2e^- \rightarrow Cu(s)$: E° = 0.34V → 환원전위 (+) 극
$Zn^{2+}(aq) + 2e^- \rightarrow Zn(s)$: E° = −0.76V → 산화전위 (−) 극
표준전위 = 환원전위 − 산화전위 = 0.34 − (−0.76) = 1.1V

41 반응식 $P_4(s) + 10Cl_2(g) \rightarrow 4PCl_5(s)$에서 환원제와 이를 구성하는 원자의 산화수 변화를 옳게 짝지은 것은?

2020년 지방직9급

	환원제	반응전 산화수	반응 후 산화수
①	$P_4(s)$	0	+5
②	$P_4(s)$	0	+4
③	$Cl_2(g)$	0	+5
④	$Cl_2(g)$	0	−1

풀 이

	반응전 산화수	반응 후 산화수	구분	
$P_4(s)$	0	+5	산화	환원제
$Cl_2(g)$	0	−1	환원	산화제

42 다음 중 산화−환원 반응은?

2020년 지방직9급

① $HCl(g) + NH_3(aq) \rightarrow NH_4Cl(s)$

② $HCl(aq) + NaOH(aq) \rightarrow H_2O(l) + NaCl(aq)$

③ $Pb(NO_3)_2(aq) + 2KI(aq) \rightarrow PbI_2(s) + 2KNO_3(aq)$

④ $Cu(s) + 2Ag^+(aq) \rightarrow 2Ag(s) + Cu^{2+}(aq)$

풀 이

산화−환원 반응은 산화수의 변화가 있다.

$Cu(s)$	+	$2Ag^+(aq)$	→	$2Ag(s)$	+	$Cu^{2+}(aq)$
0		+1		0		+2

정답 39 ④ 40 ④ 41 ① 42 ④

PART 08

43 수용액에서 $HAuCl_4(s)$를 구연산(citric acid)과 반응시켜 금 나노입자 Au(s)를 만들었다. 이에 대한 설명으로 옳은 것만을 모두 고르면?

2019년 지방직9급

ㄱ. 반응 전후 Au의 산화수는 +5에서 0으로 감소하였다.
ㄴ. 산화–환원 반응이다.
ㄷ. 구연산은 환원제이다.
ㄹ. 산–염기 중화 반응이다.

① ㄱ, ㄴ
② ㄱ, ㄷ
③ ㄴ, ㄷ
④ ㄴ, ㄹ

풀이

바르게 고쳐보면,
ㄱ. 반응 전후 Au의 산화수는 +3에서 0으로 감소하였다(H : +1, Cl : –1, Au(s) : 0).
ㄹ. 산–염기 중화 반응은 산과 염기가 만나 물과 염을 형성하는 반응이다.

44 $KMnO_4$에서 Mn의 산화수는?

2019년 지방직9급

① +1
② +3
③ +5
④ +7

풀이

K : +1, O_2 : -2×4 이므로 Mn의 산화수는 +7이 되어야 한다.

45 볼타 전지에서 두 반쪽 반응이 다음과 같을 때, 이에 대한 설명으로 옳지 않은 것은?

2018년 지방직9급

$Ag^{+}(aq) + e^{-} \rightarrow Ag(s) \quad E° = 0.799V$
$Cu^{2+}(aq) + 2e^{-} \rightarrow Cu(s) \quad E° = 0.337V$

① Ag는 환원 전극이고 Cu는 산화 전극이다.
② 알짜 반응은 자발적으로 일어난다.
③ 셀 전압(E_{cell})은 1.261V이다.
④ 두 반응의 알짜 반응식은 $2Ag^{+}(aq) + Cu(s) \rightarrow 2Ag(s) + Cu^{2+}(aq)$이다.

풀 이

알짜 반응식: $2Ag^{+}(aq) + Cu(s) \rightarrow 2Ag(s) + Cu^{2+}(aq)$
산화전극(− 극): Cu
환원전극(+ 극): Ag
셀전압 = 환원전극전위 − 산화전극전위 = 0.799V − 0.337V = 0.462V

46 산화수 변화가 가장 큰 원소는?

2018년 지방직9급

$$PbS(s) + 4H_2O_2(aq) \rightarrow PbSO_4(s) + 4H_2O(l)$$

① Pb ② S
③ H ④ O

풀 이

① Pb: +2 → +2
② S: −2 → +6
③ H: +1 → +1
④ O: −1 → −2(과산화물에서 산소의 산화수는 −1 이다.)

47 다음 중 산화−환원 반응은?

2018년 지방직9급

① $Na_2SO_4(aq) + Pb(NO_3)_2(aq) \rightarrow PbSO_4(s) + 2NaNO_3(aq)$
② $3KOH(aq) + Fe(NO_3)_3(aq) \rightarrow Fe(OH)_3(s) + 3KNO_3(aq)$
③ $AgNO_3(aq) + NaCl(aq) \rightarrow AgCl(s) + NaNO_3(aq)$
④ $2CuCl(aq) \rightarrow CuCl_2(aq) + Cu(s)$

풀 이

Cu의 산화수가 변화한다.

PART 08

정답 43 ③ 44 ④ 45 ③ 46 ② 47 ④

48 다음 중 산화-환원 반응이 아닌 것은? 2017년 지방직9급

① $2Al + 6HCl \rightarrow 3H_2 + 2AlCl_3$

② $2H_2O \rightarrow 2H_2 + O_2$

③ $2NaCl + Pb(NO_3)_2 \rightarrow PbCl_2 + 2NaNO_3$

④ $2NaI + Br_2 \rightarrow 2NaBr + I_2$

풀이

산화수의 변화가 없다.

49 다음은 어떤 갈바니 전지(또는 볼타 전지)를 표준 전지 표시법으로 나타낸 것이다. 이에 대한 설명으로 옳은 것은? 2017년 지방직9급

$Zn(s)|Zn^{2+}(aq)\ ||\ Cu^{2+}(aq)|Cu(s)$

① 단일 수직선(|)은 염다리를 나타낸다.

② 이중 수직선(| |) 왼쪽이 환원전극 반쪽 전지이다.

③ 전지에서 Cu^{2+}는 전극에서 Cu로 환원된다.

④ 전자는 외부 회로를 통해 환원전극에서 산화전극으로 흐른다.

풀이

① 단일 수직선(|)은 전극을 나타낸다.

② 이중 수직선(| |) 왼쪽이 산화전극 반쪽 전지이다.

④ 전자는 외부 회로를 통해 산화전극에서 환원전극으로 흐른다.

50 밑줄 친 원자(C, Cr, N, S)의 산화수가 옳지 않은 것은? 2016년 지방직9급

① HCO_3^-, +4

② $Cr_2O_7^{2-}$, +6

③ NH_4^+, +5

④ SO_4^{2-}, +6

풀이

$NH_4^+ = \square + (+1 \times 4) = +1$

$\therefore \square = -3$

51 아래 반응에서 산화되는 원소는?

2016년 지방직9급

$$14HNO_3 + 3Cu_2O \rightarrow 6Cu(NO_3)_2 + 2NO + 7H_2O$$

① H　② N
③ O　④ Cu

풀 이

Cu_2O에서 구리의 산화수는 +1이고 Cu(HNO$_3$)$_2$에서 구리의 산화수는 +2로 +1만큼 증가했음으로 산화되었다.

구분	산화	환원
산소	얻음	잃음
전자	잃음	얻음
산화수	증가	감소

52 철(Fe)로 된 수도관의 부식을 방지하기 위하여 마그네슘(Mg)을 수도관에 부착하였다. 산화되기 쉬운 정도만을 고려할 때, 마그네슘 대신에 사용할 수 없는 금속은?

2016년 지방직9급

① 아연(Zn)　② 니켈(Ni)
③ 칼슘(Ca)　④ 알루미늄(Al)

풀 이

이온화경향 : K > Ca > Na > Mg > Al > Zn > Fe > Ni > Sn > Pb > H > Cu > Hg > Ag > Pt > Au
철보다 이온화경향이 작은 Ni는 사용할 수 없다.

정답 48 ③ 49 ③ 50 ③ 51 ④ 52 ②

53 화학 전지 (가), (나)와 각 전지에서 전지 반응이 진행될 때 전자의 이동 방향을 나타낸 것이다.

> (가) $Zn(s)$ | $Zn^{2+}(aq)$ || $Fe^{2+}(aq)$ | $Fe(s)$, 전자 이동: Zn극 → Fe극
> (나) $Cu(s)$ | $Cu^{2+}(aq)$ || $Fe^{2+}(aq)$ | $Fe(s)$, 전자 이동: Fe극 → Cu극

이에 대한 설명으로 옳은 것만을 〈보기〉에서 있는 대로 고른 것은? (단, 온도는 25℃로 일정하며 전해질 수용액의 농도는 1M이다.)

보기

ㄱ. 금속의 이온화경향 크기 순서는 Zn > Fe > Cu이다.
ㄴ. (가)에서 Zn^{2+}은 환원된다.
ㄷ. (나)에서 $Cu(s)$ 전극의 질량은 감소한다.

① ㄱ　　② ㄴ
③ ㄱ, ㄷ　　④ ㄱ, ㄴ, ㄷ

풀이

금속의 이온화경향이 큰 금속이 전자를 잃는 (−) 극(산화전극)이 된다.
금속의 이온화경향: Zn > Fe > Cu

전지	전극	반응식
(가)	(−) 극(산화)	$Zn(s) \rightarrow Zn^{2+}(aq) + 2e^-$
	(+) 극(환원)	$Fe^{2+}(aq) + 2e^- \rightarrow Fe(s)$
(나)	(−) 극(산화)	$Fe(s) \rightarrow Fe^{2+}(aq) + 2e^-$
	(+) 극(환원)	$Cu^{2+}(aq) + 2e^- \rightarrow Cu(s)$

ㄴ. (가)에서 Zn^{2+}은 산화된다.
ㄷ. (나)에서 $Cu(s)$ 전극의 질량은 증가한다.
$Cu^{2+}(aq)$가 전자를 얻어 $Cu(s)$로 환원되므로 $Cu(s)$ 전극의 질량은 증가한다.

54 다음은 25℃, 1atm에서 1M NaCl(aq)의 전기 분해와 관련된 반응식이다.

> ○ $Na^+(aq) + e^- \rightarrow Na(s)$
> ○ $2H_2O(l) + 2e^- \rightarrow H_2(g) + 2OH^-(aq)$
> ○ $2Cl^-(aq) \rightarrow Cl_2(g) + 2e^-$
> ○ 전자를 얻기 쉬운 경향: $H_2O(l) > Na^+(aq)$

25℃, 1 atm에서 1 M NaCl(aq)의 전기 분해 반응이 진행될 때, 이에 대한 설명으로 옳은 것만을 〈보기〉에서 있는 대로 고른 것은?

> 보기
> ㄱ. NaCl(aq)에서 화학 에너지가 전기 에너지로 전환된다.
> ㄴ. (+) 극에서 산화 반응이 일어난다.
> ㄷ. 환원 전극에서 $H_2(g)$가 생성된다.

① ㄱ　　② ㄴ
③ ㄷ　　④ ㄴ, ㄷ

풀이

ㄱ. NaCl(aq)에서 전기 에너지가 화학 에너지로 전환된다.
전기분해해서 전극의 반응은 아래와 같다.
(+) 극(산화전극): $2Cl^-(aq) \rightarrow Cl_2(g) + 2e^-$
(−) 극(환원전극): $2H_2O(l) + 2e^- \rightarrow H_2(g) + 2OH^-(aq)$
두가지의 환원반응 중에서 $H_2O(l)$과 $Na^+(aq)$중 전자를 얻기 쉬운 $H_2O(l)$이 (−) 극에서 환원되며 $H_2(g)$가 발생한다.

PART 08

정답 53 ① 54 ④

55 다음은 어떤 전지에 대한 설명이다.

> (가)는 전극과 분리막, 전해질로 이루어져 있고, 외부에서 수소와 산소를 계속해서 공급함으로써 전기 에너지를 생산할 수 있다.

(가)로 가장 적절한 것은?

① 볼타 전지 ② 수소 연료 전지
③ 리튬 이온 전지 ④ 다니엘 전지

풀이

수소연료전지: 공기 중의 산소를 산화제로 이용하여 수소를 연료로 사용하는 전지이다. H_2O가 생성물로 발생되어 유해 물질을 배출하지 않으며 에너지 효율이 높은 편이다.

56 다음은 NaCl(l)을 전기 분해할 때 두 전극에서 각각 일어나는 반응의 화학 반응식이다.

> (가) $Na^+ + e^- \rightarrow Na$
> (나) 2 ㉠ $\rightarrow Cl_2 + 2e^-$

전기분해반응이 진행될 때, 이에 대한 설명으로 옳은 것만을 〈보기〉에서 있는 대로 고른 것은?

보기
ㄱ. (가) 반응은 (−) 극에서 일어난다.
ㄴ. ㉠은 환원된다.
ㄷ. 일정 반응 시간 동안 생성되는 Na과 Cl_2의 양(mol)은 같다.

① ㄱ ② ㄴ
③ ㄷ ④ ㄱ ㄴ

풀이

(−) 극: $Na^+ + e^- \rightarrow Na$
(+) 극: $2Cl^- \rightarrow Cl_2 + 2e^-$
ㄴ. ㉠ Cl^-은 전자를 잃고 Cl_2가 되므로 산화된다.
ㄷ. 일정 반응 시간 생성되는 Na과 Cl_2의 양(mol)은 2 : 1이다.
이동하는 전기의 양은 양극에서 같아야 하므로 생성되는 Na와 Cl_2의 양은 2 : 1이다.

57 다음은 산화 환원 반응 (가)~(다)의 화학 반응식이다.

(가) $CuO + H_2 \rightarrow Cu + H_2O$
(나) $Fe_2O_3 + 3CO \rightarrow 2Fe + 3CO_2$
(다) $MnO_2 + 4HCl \rightarrow MnCl_2 + 2H_2O + Cl_2$

이에 대한 설명으로 옳은 것만을 〈보기〉에서 있는 대로 고른 것은?

보기
ㄱ. (가)에서 H_2는 산화된다.
ㄴ. (나)에서 CO는 산화제이다.
ㄷ. (다)에서 Mn의 산화수는 증가한다.

① ㄱ
② ㄴ
③ ㄱ, ㄷ
④ ㄴ, ㄷ

풀이
ㄱ. (가)에서 H_2의 산화수는 0 → +1로 증가한다. 따라서 산화된다.
ㄴ. (나)에서 C는 산화수가 +2 → +4로 증가한다. 따라서 CO는 산화되고 환원제이다.
ㄷ. (다)에서 Mn은 산화수가 +4 → +2로 감소한다.

PART 08

정답 55 ② 56 ① 57 ①

이찬범

저자 약력

- 現 박문각 공무원 환경직 전임강사
- 前 에듀윌 환경직 공무원 강사

  특강 : 안양대, 충북대, 세명대, 상명대, 순천향대, 신안산대 등 다수

  자격증 강의 : 대기환경기사, 수질환경기사, 환경기능사,
  위험물산업기사, 위험물기능사, 산업안전기사 등

주요 저서

- 이찬범 환경공학 기본서(박문각)
- 이찬범 화학 기본서(박문각)
- 이찬범 환경공학 단원별 기출문제집(박문각)
- 이찬범 화학 단원별 기출문제집(박문각)
- 대기환경기사 필기(에듀윌)
- 대기환경기사 실기(에듀윌)
- 수질환경기사 실기(에듀윌)

이찬범 화학 ✧✦ 단원별 기출문제집

초판 인쇄 | 2024. 12. 5. **초판 발행** | 2024. 12. 10. **편저자** | 이찬범

발행인 | 박 용 **발행처** | (주)박문각출판 **등록** | 2015년 4월 29일 제2019-000137호

주소 | 06654 서울시 서초구 효령로 283 서경 B/D 4층 **팩스** | (02)584-2927

전화 | 교재 문의 (02)6466-7202

저자와의 협의하에 인지생략

정가 15,000원

ISBN 979-11-7262-361-6